Análisis Matemático para Sistemas de Control

Modelado y Control

Ing. Víctor Hugo Sauchelli

Universitas

Editorial Científica Universitaria

Diseño de Tapa:	Jorge G. Sarmiento
Autoedición:	Jorge G. Sarmiento
Gráficos y Figuras:	Víctor Sauchelli y Jorge G. Sarmiento
Producción Gráfica:	Universitas. Editorial Científica Universitaria.

Hecho el depósito que marca la Ley 11.723. Impreso en Argentina

Dedicado especialmente a mi compañera Estrella que me ilumina con sus ideas y emociones y a mis hijos Lisandra y Cristobal

A mi padre Renato Sauchelli, Ingeniero y Profesor de muchas generaciones de Ingenieros, entre ellos, yo.

Indice

1

El Número Complejo

1.1. Introducción

Se puede establecer una correspondencia biunívoca entre número real y punto de una recta (real). Los números reales pueden representarse por puntos en una recta así como los puntos de una recta representan números. Es costumbre a raíz de todo esto, hablar de punto o de número real indistintamente.

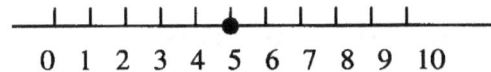

$$0 \quad 1 \quad 2 \quad 3 \quad 4 \quad 5 \quad 6 \quad 7 \quad 8 \quad 9 \quad 10$$

Figura 1.1

El 5 está representado por la abcisa 5 de la recta real.

Fue debido a Descartes, que se adoptó para ubicar puntos en un plano un sistema cartesiano, se decidió tomar dos rectas reales perpendiculares, por ello se denomina sistema ortogonal dejando cada punto del plano con posibilidad de ser representado por un par de números reales.

Un número complejo z se define como un par (a,b) de números reales a y b dados en un cierto orden:

$$z = (a,b)$$

y sujeto a leyes operativas.

Esta definición generaliza el concepto que venimos mencionando sobre un número real cualquiera.

Gauss bautizó estos números como "complejos" y ciertamente en 1.550 poseían un sentido "místico" aún hoy a los elementos de este conjunto de par ordenado, le denominamos al elemento primero a como "parte real" y al segundo elemento b como "parte imaginaria", (como si uno fuese más real que el otro!). *Representan concretamente las abcisas horizontal y vertical respectivamente sobre dos rectas reales.*

Se conviene en especificar al par $(a,0)$ como el número real a representando así los números "reales a". Se dice que el número complejo es una generalización o extensión de los reales, *los comprende.*

Es conveniente tener un símbolo y un nombre para el par $(0,1)$ y se denominó "unidad imaginaria" representado por la letra i ó j indistintamente:

$$(0,1) = i = j$$

Un par del tipo $(0,b)$ es un número "imaginario puro".

1.2. Formas de presentarse el número complejo

$a + jb$ forma binomial

(a,b) forma vectoria

$r\angle\theta$ forma polar con $r^2 = a^2 + b^2$ y $\theta = arctg\left(\dfrac{b}{a}\right)$

$re^{j\theta}$ forma exponencial

$r(\cos\theta + j\,\mathrm{sen}\,\theta)$ forma trigonométrica

1.3. Operaciones entre números complejos

Las operaciones entre números complejos poseen sus propias reglas, especialmente dirigidas a cambiar partes reales e imaginarias acorde a una lógica matemática.

1.3.1. Igualdad de números complejos

Se dice que dos números complejos son iguales, si lo son sus partes reales e imaginarias respectivamente.

$$(a_1,b_1) = (a_2,b_2)$$

si, solo si (sii)

$$a_1 = a_2 \text{ y } b_1 = b_2$$

El número complejo cero $0 = (0,0)$, será

$$z = (a,b) = 0 \text{ sii } a = 0 \text{ y } b = 0.$$

1.3.2. Suma de números complejos

Dos números complejos pueden sumarse escribiendo $z_1 + z_2$ y se define:

$$z_1 + z_2 = (a,b) + (c,d) = (a+c, b+d)$$

Como caso particular se tiene:

$$(a,0) + (0,b) = (a,b)$$

Así todo número complejo puede escribirse como la suma de un número real puro y un número imaginario puro:

$$z = (a,b) = a + ib$$

La forma de la derecha, que se expresa mediante una suma, se suele denominar binomial o binómica del número complejo, por ejemplo una suma:

$$(2,1)+(0,3)=(2,4)=2+4i$$

otro ejemplo

$$(2-i)+(1+3i)=3+2i$$

1.3.3. Producto de números complejos

Se define el producto de dos números complejos (a,b) y (c,d) como el número complejo que se obtiene de la siguiente manera:

$$(a,b)(c,d) = (ac - bd, ad + bc)$$

Por ejemplo:

$$(2,1).(3,2)=(2.3-1.2;2.2+1.3)=(4,7)$$

$$(2,3).(1,0)=(2.3)$$

$$(0,1).(0,1)=(-1,0)$$

$$(3,0).(2,0)=(6,0)$$

1.4. Representación de números complejos

Un número complejo puede ser representado por un vector bidimensional:

$$z = (a,b)$$

Se puede expresar como combinación lineal de dos versores fundamentales $(1,0)$ y $(0,1)$.

$$(a,b) = a(1,0) + b(0,1)$$

Si la componente imaginaria es nula se tiene el par $(a,0)$

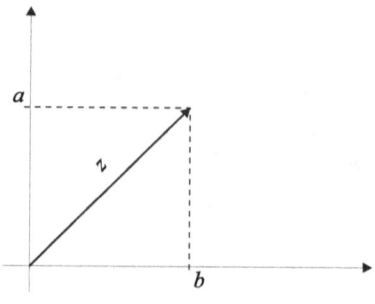

Figura 1.2

Pares con parte imaginaria nula se comportan respecto a las operaciones de suma y de producto como números reales, pues:

$$(a,0)+(c,0)=(a+c,0)$$

$$(a,0)(c,0)=(a\cdot c,0)$$

Efectuar suma y producto con números complejos con componente imaginaria nula, es efectuar las correspondientes operaciones con los números reales que forman su componente real. Por ello se identifica cada número complejo de la forma $(a,0)$ como simplemente a.

El complejo $(0,1)$ se denomina "unidad imaginaria" y se lo designa con la letra i o j.

Se tiene que:

$$(0,1)(0,1)=(-1,0)$$

es decir:

$$j^2=-1$$

también

$$b(0,1)=(0,b)=bj=bi$$

ó

$$(a,b)=a(1,0)+b(0,1)=(a,0)+(0,b)=a+jb$$

Recordando que si se hace la suma de dos complejos dados en forma binomica, se cumple que:

$$(a+jb)+(c+jd)=a+c+j(b+d)=(a+c,b+d)$$

y para el producto será:

$$(a+jb)(c+jd)=ac+bdj^2=(ac-bd)+j(bc+ad)=(ac-bd,bc+ad)$$

4

1.5. Números complejos conjugados

Sea $z=a+jb$, el número complejo $z^*=a-jb$ se denomina conjugado de z, se lo indica como z^* ó $\bar{z}$.

Se tiene que:

$$j^* = -j$$

$$z^{**} = z$$

Propiedades de números complejos en relación a su conjugado:

$$z + z^* = 2a$$
$$z - z^* = 2bj$$
$$z \cdot z^* = a^2 + b^2 = |z|^2$$

1.6. División de números complejos

Se desea hallar

$$\frac{a+jb}{c+jd}$$

Para ello se divide y multiplica por el conjugado del divisor:

$$\frac{a+jb}{c+jd} \cdot \frac{c-jd}{c-jd} = \frac{(a+jb).(c-jd)}{c^2+d^2} = \frac{(ac+bd)+j(bc-ad)}{c^2+d^2}$$

Por ejemplo

$$\frac{2+j3}{3+j3} = \frac{(2+j3)(3-j3)}{9+9} = \frac{6+9+j(9-6)}{18} = \frac{5}{6} + j\frac{1}{6}$$

1.7. Potencia de números complejos

Se desea hallar $(a+jb)^n$.

Dado el complejo $a+jb$ para elevar a una cierta potencia n aplicamos la fórmula del binomio de Newton teniendo en cuenta que las potencias sucesivas de j toman los valores $j,-1,-j,1,...$y se repite periódicamente.

$$j = j \qquad\qquad j^3 = -j$$

$$j^5 = j \qquad\qquad j^2 = -1$$

$$j^4 = 1 \qquad\qquad j^6 = -j$$

Por ejemplo

a) $(2+3i)^2 = (2)^2 + 2.2.3i + (3i)^2 = 4 + 12i - 9 = -5 + 12i$

b) $(1-j)^3 = -2-4j$

1.8. Forma trigonométrica y polar de un número complejo

Todo número complejo es un vector del plano, si

$$z = a + jb = (a,b)$$

donde:

$$a = r\cos\varphi$$
$$b = r\,\text{sen}\,\varphi$$

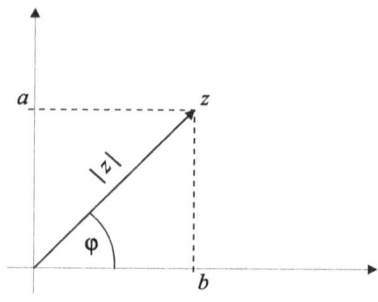

Figura 1.3

r es el modulo del número complejo:

$$r = \text{mod}\,z = |z| = \sqrt{a^2 + b^2}$$

φ es el ángulo que forma el vector z con la dirección del eje x-x se tiene que:

$$z = a + jb = r(\cos\varphi + j\,\text{sen}\,\varphi)$$

esta última expresión de z se denomina trigonométrica, donde r es el módulo del número complejo y φ es el argumento del número complejo.

Un número complejo

$$z = r(\cos\varphi + j\,\text{sen}\,\varphi)$$

es nulo si $r = 0$.

Dado el complejo en forma binómica $a+jb$ se puede pasar a la forma trigonométrica hallando r y φ mediante las fórmulas:

$$r = \sqrt{a^2 + b^2}$$

$$\text{tg}\,\varphi = \frac{b}{a} \Rightarrow \varphi = \text{arctg}\frac{b}{a}$$

Recíprocamente si el número está dado en la forma trigonométrica $r(\cos\varphi + j\operatorname{sen}\varphi)$ se pasa a la forma binómica por las expresiones vistas.

a) Expresar en forma trigonométrica el complejo 3+j3:

$$r = \sqrt{3^2 + 3^2} = \sqrt{9+9} = \sqrt{18} = 3\sqrt{2}$$

$$\operatorname{tg}\varphi\frac{b}{a} = \frac{3}{3} = 1$$

luego

$$\varphi = \operatorname{arctg} 1 = 45°$$

$$a + j3 = 3\sqrt{2}(\cos 45° + j\operatorname{sen}45°)$$

b) Dar la forma binómica del complejo

$$z = 2\sqrt{3}(\cos 30° + \operatorname{sen} 30°)$$

Como $\cos 30° = \dfrac{\sqrt{3}}{2}$ y $\operatorname{sen} 30° = \dfrac{1}{2}$ resulta:

$$a = 2\frac{\sqrt{3}\sqrt{3}}{2} = 3$$

$$b = \frac{2\sqrt{3}}{2} = \sqrt{3}$$

luego

$$z = 3 + j\sqrt{3} = \left(3, \sqrt{3}\right)$$

1.9. Igualdad de números complejos dados trigonometricamente

Dos números complejos $r_1(\cos\varphi_1 + j\operatorname{sen}\varphi_1)$ y $r_2(\cos\varphi_2 + j\operatorname{sen}\varphi_2)$ son iguales sii sus módulos son iguales y su argumento difiere un número exacto de circunferencia (o arcos 2π):

$$r_1 = r_2$$

$$\varphi_1 = \varphi_2 + 2\pi k \text{ con } k \in \mathbb{Z}$$

1.9.1. Producto de números dados en forma trigonométrica

La forma trigonométrica es conveniente para operar con producto de números complejos, pues es sencillo conseguir el complejo producto. Sea:

$$z_1 = r_1(\cos\varphi_1 + j\operatorname{sen}\varphi_1)$$

$$z_2 = r_2(\cos\varphi_2 + j\,\text{sen}\,\varphi_2)$$

Multiplicando miembro a miembro sus términos se tiene:

$$z_1 \cdot z_2 = r_1 \cdot r_2(\cos\varphi_1\cos\varphi_2 + j\cos\varphi_1\,\text{sen}\,\varphi_2 + j\,\text{sen}\,\varphi_1\cos\varphi_2 + j^2\,\text{sen}\,\varphi_1\,\text{sen}\,\varphi_2)$$

$$z_1 \cdot z_2 = r_1 \cdot r_2(\cos\varphi_1\cos\varphi_2 - \text{sen}\,\varphi_1\,\text{sen}\,\varphi_2) + j(\text{sen}\,\varphi_1\cos\varphi_2 + \cos\varphi_1\,\text{sen}\,\varphi_2)$$

sabiendo por trigonometría que:

$$\cos(\varphi_1 + \varphi_2) = \cos\varphi_1\cos\varphi_2 - \text{sen}\,\varphi_1\,\text{sen}\,\varphi_2$$

$$\text{sen}(\varphi_1 + \varphi_2) = \text{sen}\,\varphi_1\cos\varphi_2 + \cos\varphi_1\,\text{sen}\,\varphi_2$$

resulta:

$$z_1 \cdot z_2 = r_1 \cdot r_2\left[\cos(\varphi_1 + \varphi_2) + j\,\text{sen}(\varphi_1 + \varphi_2)\right]$$

> El módulo del producto de dos números complejos es el producto de sus módulos y el argumento es igual a la suma de los argumentos.

Por ejemplo

$$z_1 = 3(\cos 25° + j\,\text{sen}\,25°)$$
$$z_2 = 5(\cos 10° + j\,\text{sen}\,10°)$$
$$z_1.z_2 = 15(\cos 35° + j\,\text{sen}\,35°)$$

1.9.2. Cociente de dos complejos dados trigonométricamente:

$$\frac{z_1}{z_2} = \frac{r_1}{r_2}\frac{\cos\varphi_1 + j\,\text{sen}\,\varphi_1}{\cos\varphi_2 + j\,\text{sen}\,\varphi_2} = \frac{r_1}{r_2}(\cos(\varphi_1 - \varphi_2) + j\,\text{sen}(\varphi_1 - \varphi_2))$$

Por ejemplo

$$z_1 = 28(\cos 72° + j\,\text{sen}\,72°)$$
$$z_2 = 7(\cos 20° + j\,\text{sen}\,20°)$$
$$\frac{z_1}{z_2} = 4(\cos 52° + j\,\text{sen}\,52°)$$

1.9.3. Potencias de números complejos dados trigonometricamente

Consideremos la segunda potencia de un complejo, esto es como multiplicar al número por si mismo. Sea:

$$z = r(\cos\varphi + j\,\text{sen}\,\varphi)$$

Se quiere

$$z^2 = \left[r(\cos\varphi + j \operatorname{sen} \varphi) \right]^2 = r(\cos\varphi + j \operatorname{sen} \varphi)r(\cos\varphi + j \operatorname{sen} \varphi)$$

$$z^2 = r^2(\cos 2\varphi + \operatorname{sen} 2\varphi)$$

generalizando, se lo multiplica n veces:

$$z^n = r^n(\cos n\varphi + j \operatorname{sen} n\varphi)$$

esta es la fórmula de **Moivre.**

Por ejemplo

$$z = 2(\cos 15° + j \operatorname{sen} 15°)$$

$$z^4 = 16(\cos 60° + j \operatorname{sen} 60°)$$

1.9.4. Raíces de números complejos

Recordemos que la raíz numérica n de un número s es otro número p, tal que elevado p a la enésima potencia nos dé s o sea

$$\sqrt[n]{s} = p \Rightarrow p^n = s$$

Queremos hallar $\sqrt[n]{z}$ siendo

$$z = r(\cos\varphi + j \operatorname{sen} \varphi)$$

Veamos si existe un número complejo

$$w = \rho(\cos\Psi + j \operatorname{sen} \Psi)$$

tal que $(w)^n = z$ sea:

$$\left[\rho(\operatorname{sen}\psi + j\cos\psi) \right]^n = r(\cos\varphi + j \operatorname{sen}\psi)$$

$$\left[\rho(\operatorname{sen}\psi + j\cos\psi) \right]^n = \rho^n(\cos\psi n + j \operatorname{sen}\psi n) = r(\cos\varphi + j \operatorname{sen}\varphi)$$

por igualdad de complejos:

$$\rho^n = r$$
$$n\psi = \varphi + 2k\pi$$

$$\rho = \sqrt[n]{r} \quad , \quad \psi = \frac{\varphi + 2k\pi}{n} \quad ; k=0,1,2,...(n-1)$$

Asignando a k y n valores sucesivos obtendremos las n raíces distintas de un número complejo.

Por ejemplo

$$z = 8(\cos 300° + j \operatorname{sen} 300°)$$

queremos

9

$$\omega = \sqrt[3]{z} = \sqrt[3]{r}\left[\cos\left(\frac{\varphi}{n}+\frac{2k\pi}{n}\right)+j\,\text{sen}\left(\frac{\varphi}{n}+\frac{2k\pi}{n}\right)\right]$$

luego

$$\rho = \sqrt[3]{r} = \sqrt[3]{8} = 2$$

$$\psi = \frac{\varphi}{n}+\frac{2k\pi}{n}$$

si

$$k = 0, \psi = 100°$$

$$k = 1, \psi = 100° + \frac{360°}{3} = 220°$$

$$k = 2, \psi = 100° + \frac{720°}{3} = 340°$$

vemos que si hace $k=3$ se obtiene a la misma raíz que para $k=0$ y así sucesivamente para otros valores de k, pues existen sólo 3 raíces de este número.

Gratificado

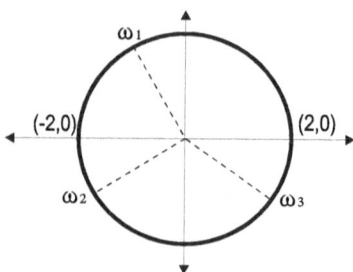

ω_1
(-2,0)   (2,0)
ω_2 ω_3

Figura 1.4

$$\omega_1 = 2(\cos 100° + j\,\text{sen}\,100°)$$

$$\omega_2 = 2(\cos 220° + j\,\text{sen}\,220°)$$

$$\omega_3 = 2(\cos 340° + j\,\text{sen}\,340°)$$

1.10. Funciones de variables complejas

Cuando z representa un número complejo perteneciente a un conjunto $S \subseteq C$ se puede denominar variable compleja.

Si a cada valor de z en S le corresponde una segunda variable compleja ω de forma tal que la relación sea "funcional" o sea si para cada $z \in S$ le corresponde uno y solo uno en el campo de ω; imagen por la función.

La relación funcional puede indicarse como:

$$\omega = f(z)$$

$z \in S$, S dominio de la función.

$\omega \in W$, W imagen de la función.

$$S, \omega \subseteq C$$

Por ejemplo

a) $\quad f(z) = z^3 + 2iz - 3$

El dominio es todo el plano complejo.

b) $\quad f_2(z) = \dfrac{1}{z^2 + 1}$

El dominio ahora será el plano complejo sin los dos puntos $z_1 = j$ y $z_2 = -j$.

Si

$$z = x + jy \text{ o sea } R(z) = x; \; Im(z) = y$$

si u y v son funciones reales de las dos variables x e y entonces $u + jv$ es una función de z.

u y v son funciones de las variables x e y, luego se tiene:

$$f(z) = u(x,y) + jv(x,y)$$

1.10.1. Ejemplos

a) $\quad f(z) = z^2 = (x + jy)^2 = u + jv$

donde

$$u = x^2 - y^2$$
$$v = 2xy$$

b) $\quad f(z) = x^2 + j(2x + y)$

donde

$$u = x^2$$
$$v = 2x + y$$

A la función

$$f(z) = \frac{P(z)}{Q(z)}$$

donde $P(z)$ y $Q(z)$ son polinomios en z se denomina "función fraccionaria racional" y está definida para todo z, excepto cuando $Q(z) = 0$.

1.11. Transformaciones-Representación.

Recordemos las funciones reales valuadas, donde la "receta" era $y=f(x)$ con $x \in \mathbb{R}$ e $y \in \mathbb{R}$. Esto lo podemos expresar diciendo que f aplica x para transformarlos en y.

$$f : x \to y$$

Esta forma de expresarlo es correcta, aunque algo extensa y se prefiere trabajar con la expresión $y=f(x)$.

Pero ahora, la función f aplica $z \in C$ o sea $z \in \mathbb{R}^2$ para transformarlos en $\omega \in \mathbb{R}^2$.

$$f : z \to \omega$$

Si se desea representar $y=f(x)$ con $x \in \mathbb{R}$ e $y \in \mathbb{R}$ puede hacerse mediante el gráfico o grafo de la función que son todos los pares (x,y) tal que:

$$G = \{(x,y)/y=f(x)\}$$

y este gráfico estará en $\mathbb{R}^2$

En caso de funciones complejas de variable compleja. El gráfico

$$G = \{(z,\omega)/\omega=f(z)\}$$

esta en $\mathbb{R}^4$ lo que imposibilita su representación geométrica que lo hace sólo con gráficos hasta $\mathbb{R}^3$.

Lo que resulta ahora útil es representar el dominio por un lado en el $\mathbb{R}^2$, y la imagen por otro también en el $\mathbb{R}^2$, luego es común hablar de una transformación del $\mathbb{R}^2$ en $\mathbb{R}^2$ de los puntos del plano z a los puntos del plano ω mediante f.

En general es mas sencillo dibujar separadamente planos complejos para las dos variables z y ω. A cada punto (x,y) del plano z del dominio de f se le asigna un punto (u,v) en el plano ω donde $\omega=u+jv$.

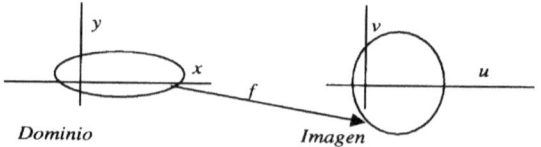

Figura 1.5

La correspondencia entre dos planos se llama transformación de puntos del plano z a puntos del plano ω.

La transformación de curvas o regiones del dominio de definición de f dan normalmente mas información sobre f que tomando puntos aislados.

Por ejemplo:

$$\omega = \sqrt{x^2 + y^2} - jy$$

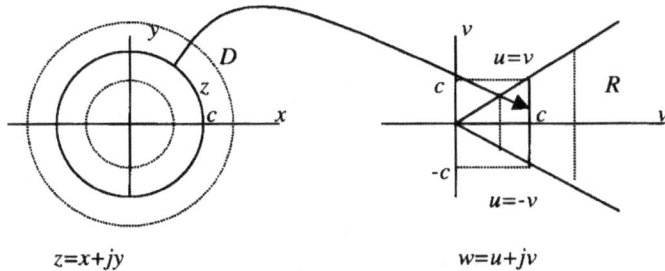

$z=x+jy$ $\qquad\qquad\qquad$ $w=u+jv$

Figura 1.6

Si tomamos la región del dominio dada por la circunferencia $x^2+y^2=c^2$, con $c>0$, la transformación al plano ω es $\omega=c-jy$ donde $u=c$ y $v=-y$ como y varia entre c y $-c$ $(x^2+y^2=c^2)$ resulta que la imagen de la circunferencia de radio c es esa recta $u=c$ con v que puede variar entre c y $-c$

Si recorremos la circunferencia en z, se barre un segmento en ω.

1.12. Función exponencial compleja

$$\omega = e^z = e^{x+jy} = e^x e^{jy} = e^x(\cos y + j \operatorname{sen} y)$$

$$u = e^x \cos y, \, v = e^x \operatorname{sen} y$$

En forma polar

$$e^z = e^x(\cos y + j \operatorname{sen} y) = \rho(\cos\phi + j \operatorname{sen}\phi)$$

donde $\rho = e^x, y \neq 0$, luego $|z| = e^x$

Esta función exponencial es muy importante para nuestros estudios, así que daré algunas propiedades que tenían las exponenciales con dominio en $\mathbb{R}$ a fin de extenderla luego a $\mathbb{C}$.

Recordemos que:

$$e^x = \lim_{k\to\infty}\left(1+\frac{x}{k}\right)^k, \, x \in \mathbb{R}, \, k \in \mathbb{Z}$$

esto con $e \cong 2{,}71828...$

También sabemos que:

$$De^x = e^x$$

se puede extender a la derivada de e^z con $z \in \mathbb{C}$, en tal caso:

$$De^z = e^z$$

Además

$$e^x = 1 + x + \frac{x^2}{2!} + \frac{x^3}{3!} + \ldots, x \in \mathbb{R}$$

pero como no hemos definido la convergencia de una serie compleja, no se puede sustituir x por z complejo para obtener la definición de la función exponencial como se puede haber hecho anteriormente.

Procediendo por las buenas se define la función exponencial compleja como:

$$e^z = e^x(\cos y + j \operatorname{sen} y) \text{ con: } z = x + jy$$

Para justificar esta definición, notamos que si $x = 0$ la expresión se reduce a:

$$e^{jy} = \cos y + j \operatorname{sen} y, \text{ con } y \in \mathbb{R}$$

además si $y = 0$ será

$$e^x = e^x(\cos 0 + j \operatorname{sen} 0) = e^x$$

Parece que esta función e^z posee propiedades deseables que eran de esperar de una extensión de la función exponencial real.

Si hubiéramos definido el cálculo diferencial complejo también veríamos que

$$De^z = e^z$$

1.13. Problemas

PROBLEMA 1

Hallar las representaciones (imágenes) de:

    a) $(1, \sqrt{3})$

    b) $(\sqrt{2}, -\sqrt{2})$

    c) $(0,0)$

    d) $(0,1)$

PROBLEMA 2

Sume los complejos:

$$(1, \sqrt{3}) + (\sqrt{2}, -\sqrt{2}) =$$
$$(3, -\sqrt{2}) - (1,0) =$$

PROBLEMA 3

Obtenga el valor de y:

    a) $(1,5) + (3, y) = (4,3)$

    b) $(1 + 2iy) + (5 + 4i) = (6,4)$

PROBLEMA 4

Obtenga el complejo resultado del producto

a) $(2-3i)\,(-1+2i)$

b) $(6+2i)\,(0-3i)\,(-2+i)$

c) $(0,2)(3,5)$

d) $(1,0)(0,2)$

PROBLEMA 5

a)   Dar el z^* de $2+3i$.

b)   Dar el z^* si $z = (1,-3)$

c)   Obtener el modulo de $z = (3,-4)$

PROBLEMA 6

a)   Obtener el resultado de:

$$\frac{1-2j}{2j}$$

b) $\dfrac{1-3j}{2+j}(-2+j)$

PROBLEMA 7

Calcular

a) $(1-j)^3$

b) $(-j)^4$

c) $-(1/3j)^3$

PROBLEMA 8

Obtener la forma trigonométrica de:

a) $2-2j$

b) $1-\sqrt{2}\,j$

Obtener la forma binomial:

c) $5(\cos 45° + \operatorname{sen}45°)$

d)   mod. 8, ángulo $90°$

PROBLEMA 9

a)   Nos dan r y $\cos\theta$. ¿Podemos determinar la forma binómica del número complejo?

b)   Usando la relación de Euler determinar si es cierto que:

1) $\cos\theta = \dfrac{1}{2}\left(e^{j\theta}+e^{-j\theta}\right)$

2) $\operatorname{sen}\theta = \dfrac{1}{2j}\left(e^{j\theta}-e^{-j\theta}\right)$

3) $\cos^2\theta = \dfrac{1}{2}\left(1+\cos 2\theta\right)$

4) $\operatorname{sen}\theta\operatorname{sen}\varphi = \dfrac{1}{2}\cos\left(\theta-\varphi\right)-\dfrac{1}{2}\cos\left(\theta+\varphi\right)$

PROBLEMA 10

1) Hallar la imagen por la función: elevar al cuadrado de:

$$f : z \to z^2 = \omega, z \in \mathbb{C}$$

a) $\{z : x < 0,\, y \in \mathbb{R}\}$

b) $\{z : z = 1,\, y \in \mathbb{R}\}$

c) $\{z : x \in \mathbb{R},\, y = 1\}$

d) $\{z : x = 0,\, y \in \mathbb{R}\}$

2) Hallar la imagen de la circunferencia de radio unitario con centro en el origen por la función:

$$z \mapsto 2z + 3, z \in \mathbb{C}$$

16

Ecuaciones Diferenciales Ordinarias de Primer Orden

2.1. Introducción

Muchos sistemas "acumuladores" relacionan entradas con salidas mediante ecuaciones diferenciales de primer orden.

Siendo comunes los representados por ecuaciones lineales, que modelan sistemas como: cuentas bancarias, crecimientos de capital, polución, producción normalizada, sistemas físicos como: calentamiento de un sólido, llenado de un tanque con fluidos, etc.

Luego de una breve reseña sobre modelos, se atiende en esta unidad a los métodos de resolución que dependen de cada "tipo" de ecuación en particular, dejando sin mayores tratamientos ecuaciones poco probables de aparecer en la práctica.

Muchos modelados matemáticos en los que se desea determinar una variable a partir de coeficientes de variación se expresan mediante ecuaciones o funciones, en ingeniería es común las ecuaciones lineales.

2.2. Ecuaciones Diferenciales de Primer Orden (EDO 1)

Veamos como nos abrimos a estas ideas; cuando queremos conocer el comportamiento de un sistema, aparecen no solamente las variables que fijan su "andar" sino también la "variación" de estas variables.

Ejemplo 2.1

Así; si pedimos una taza de café, que nos sirven a temperatura de $82°C$ denominemos a éste valor inicial y_i; sabemos que se enfría al transcurrir del tiempo hasta una temperatura ambiente de $20°$ C denominando y_{amb} a este nuevo valor, podemos, apelando a nuestro propio conocimiento de bebedores de café, asegurar que en un primer momento se enfría rápidamente, y cuando se acerca a la temperatura ambiente lo hace más lentamente.

Figura 2.1

Por el "conocimiento" de éste sistema puedo decir que la temperatura de la taza de café, variable dependiente del tiempo, que denomino $y(t)$, varía rápido al principio y lento al llegar a la y_{amb}, la variación de la temperatura de la taza la expresamos mediante una derivada ya sea como:

$$\frac{dy}{dt} = y' = \dot{y} = D y$$

entre otras "formas" de escribir la derivada.

Podemos decir que la variación de temperatura es proporcional al salto de temperatura de la taza en relación al ambiente, así aparece un modelo matemático que sería:

$$y'(t) = K\left[y(t) - y_{amb}\right]$$

si K es una constante (negativa) pues cuando más grande es el salto de temperatura de taza-ambiente, mayor es la "magnitud" de esta derivada, significando que se enfría más rápidamente.

El tamaño de K depende del material de la taza, su dimensión, color y otras sutilezas, que más de las veces es obtenido experimentalmente.

Si queremos tomar el café a 47°C y nos preguntamos cuanto he de esperar, hay que resolver la ecuación diferencial, así si lo que deseamos conocer, es como conservar la temperatura más tiempo, como "aislar" al sistema, y nos preguntamos ¿que parámetro modificar? para lograr la respuesta en necesario resolver y comprender esta ecuación.

Por ejemplo, supongamos que la temperatura ambiente es de 0° grados, o sea por simpleza de cálculo, no porque estemos en las Malvinas, decimos

$$y_{amb} = 0°C$$

y la ecuación resulta, cambiando $-K$ por digamos otra constante T a fin que destaque que siendo $T > 0$, la variación de temperatura y' es negativa lo que significa que la temperatura (y) es "decreciente", (el café se enfría) y experimentalmente conocemos a

$$K = -T = -0,002 \ [seg^{-1}]$$

¿Porqué su unidad es seg^{-1}? espere y verá...

$$y' = -Ty$$

o detallando:

$$\frac{dy}{dt} = -Ty \; ; \; \frac{dy}{y} = -T\,dt$$

Integrando ambos miembros resulta:

$$\int \frac{dy}{y} = \int -T\,dt \quad \rightarrow \quad Ln\,y = -Tt + cte.$$

si a la *cte* resultado de la integración (indefinida o antiderivada), la escribimos por necesidad de compactar la fórmula como

$$cte = Ln\,P$$

con P un número real positivo ($P > 0$ de lo contrario el logaritmo no es posible), resulta:

$$Ln\,y = -Tt + Ln\,P \rightarrow Ln\,y - Ln\,P = -Tt$$

Por la propiedad de los logaritmos,

$$Ln\left(\frac{y}{P}\right) = -Tt$$

sacando el anti logaritmo:

$$y = Pe^{-Tt}$$

esto es una "familia" de soluciones, pues para cada valor de P es una solución distinta y es familia justamente porque difieren sólo en la constante P. Vemos también porqué la dimensión de T es seg^{-1} pues al multiplicarlo por t cuya dimensión es el segundo, el resultado debe ser adimensional, ya $T.t$ es el exponente de la base e y "todo exponente debe ser adimensional".

Para conocer P, es que buscamos las condiciones "iniciales" ¿a que temperatura se presenta el café? cuando es supuesto $t = 0$ seg. de nuevo si suponemos que nos servían el café a 82° C resulta:

$$y(0) = P\,e^{-Tt} = 82°C \quad \rightarrow \quad P = 82$$

la solución "particular" de nuestro problema es entonces:

$$y(t) = 82\,e^{-0,002\,t}$$

Si ahora queremos saber la "forma" del enfriamiento graficamos y versus t, y obtenemos la gráfica de la figura 2.2

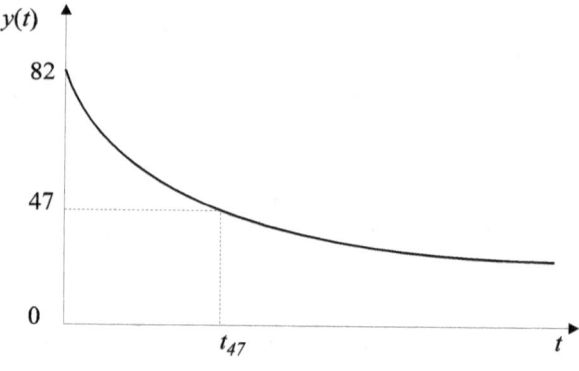

Figura 2.2

Si queremos conocer el tiempo que hay que esperar para que la temperatura del café sea de 47°C, lo podemos obtener del gráfico o en forma "analítica" explicitarlo de la fórmula de la solución:

$$y\,(t) = 82\ e^{-0,002\ t_{47}}$$

luego:

$$t_{47} = -\frac{1}{0,002}\ \mathrm{Ln}\,\frac{47}{82} = 278,28\ seg$$

Puede usted conocer el tiempo que necesitamos en ésta misma taza de café que ahora la suministran a 70°C, y deseamos tomarla a 38°C, con la misma temperatura ambiente.

Si en el ejemplo, o sea con esos datos, resulta que debo retirarme por 4 minutos, ¿a que temperatura encuentro el café al volver?

Veamos otros ejemplos.

Ejemplo 2.2.

Recordando algunos conceptos de la física, como los "problemas relativos al movimiento de una partícula" (masa puntual).

El movimiento de una partícula lo podemos describir, si es a lo largo de una línea recta (eje *x-x*), mediante una "función de la posición":

$$x(t)\ =\ f\,(t)$$

la velocidad se puede definir como:

$$v(t) = f'(t) = \frac{dx}{dt}$$

y la aceleración:

$$a(t) = f''(t) = \frac{dv}{dt} = \frac{d^2x}{dt^2}$$

La "*ley del elemento*" masa; se la denomina segunda ley de Newton y dice que si actúa una fuerza $F(t)$ sobre una masa m entonces:

$$m.a(t) = F(t) = m.x''(t)$$

Si se desea conocer la posición habrá que integrar dos veces. Claro que pueden aparecer nuevos valores correspondientes a la posición inicial

$$x(0) = x_0$$

y a la velocidad inicial

$$v(0) = v_0$$

ya estamos previendo que cada paso de integración como antiderivación, nos deja una constante indefinida, que de alguna manera, representa estos valores iniciales.

Así pues, supuesta la fuerza constante digamos

$$F(t) = 2N$$

N representa Newton unidad de fuerza del MKS, entonces la aceleración será también una constante:

$$a = \frac{F}{m} = \frac{dv}{dt}$$

si ahora quiero conocer la velocidad en función del tiempo t habrá que integrar

$$v(t) = a.t + C_1$$

y esta C_1 es una constante de integración desconocida, pues justamente una solución particular de este problema consiste en conocer esta constante, para lo cual nos remitimos a las condiciones de contorno (o de borde) que en este caso es útil la condición "inicial", para el tiempo igual a cero, así es que:

$$t = 0$$

$$v(0) = v_0$$

velocidad inicial y por sustitución:

$$v(0) = a.0 + C_1 \quad \rightarrow \quad C_1 = v_0$$

luego:

$$v(t) = a.t + v_0$$

Si ahora nos preguntamos cual es su posición y recordamos que la velocidad es:

$$v(t) = \frac{dx}{dt}$$

para conocer $x(t)$ hay que realizar una nueva integración:

$$x(t) = \frac{a.t^2}{2} + v_0.t + C_2$$

de nuevo, ¿que es esta C_2?

Para

$t = 0$ $x(0)$ será: $x(0) = x_0 = C_2$ posición inicial.

Quedando:

$$x(t) = \frac{a.t^2}{2} + v_0.t + x_0$$

Enseguida veremos un ejemplo aplicado de esta ecuación a la rueda de un automóvil.

Otra aplicación sobre un tanque:

Ejemplo 2.3.

Si llenamos un tanque con agua, puedo decir que la cantidad de agua que entra (q_e) menos la cantidad de agua que sale (q_o) es igual al volumen (V) que se acumula al paso del tiempo.

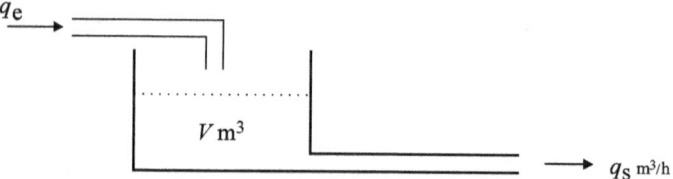

Figura 2.3

¿Cómo expresar esta situación matemáticamente? y ... además, se me ocurre que el interés es predecir el comportamiento cuando exista un exceso de consumo, o una variación en el caudal de entrada, aun más: y ¿si la situación del volumen V del tanque cambia?

El modelado matemático propuesto es:

$$q_e \left[\frac{m^3}{h} \right] - q_s \left[\frac{m^3}{h} \right] = \frac{dv}{dt} \left[\frac{m^3}{h} \right] \text{ Tasa de cambio de volumen}$$

En palabras: el caudal que entra menos el que escapa, es igual a lo que se acumula, (variación de volumen del líquido en el tanque).

> Muchos comportamientos reales obedecen a esta ley, sucede lo mismo con nuestra cuenta de ahorro donde el líquido sería el dinero.
>
> Se manifiesta en todos los sistemas que de alguna manera "acumulen" energía.

Volviendo al tanque: ¿Quién nos dice esta ley?

La experiencia, la vivencia de conocer la carga de un tanque, conocer profundamente al sistema es la clave.

También sabemos que el caudal de salida q_s depende del volumen contenido en el tanque, con mayor precisión de la altura del líquido h, ya que es la columna de líquido la que produce una presión de escape. Se puede además, establecer que en ciertos tanques, de sección uniforme, la altura h es proporcional al volumen V:

$$V = \text{superficie base x altura} = C.h$$

con C constante que depende de la forma del tanque (si éste es de sección constante, C es un número real positivo, el área de la base). Además, a mayor altura mayor presión sobre el orificio de escape y el caudal de salida depende de las altura h y de la sección de la cañería de escape, luego

$$q_0 = k\,h$$

donde k es la inversa de la resistencia hidráulica y como la resistencia, es un número positivo luego, reemplazando resulta:

$$q_e - k\,h = \frac{dv}{dt} = C\,\frac{dh}{dt}$$

Ahora observamos que el volumen depende del caudal suministrado, será V (o h) una función de q_e

En matemática se generaliza el nombre de las variables con la idea que sea útil para definir una gran cantidad de fenómenos físicos distintos, sin "comprometerse" con las variables de la realidad, en este caso, se puede tomar como

$$t = x$$

y

$$h = y$$

formular una expresión de la forma:

$$q_e(x) - k.y = C\frac{dy}{dx}$$

o en otra forma:

$$y' + Ay = r(x)$$

constituye una ecuación diferencial lineal de primer grado.

A, k, C son constantes (A, k, $C \in \mathbb{R}$); (puede que en otros fenómenos sean algunas de estas constantes, también una función de x).

En realidad, muchos sistemas son más complicados que este tanque, y su modelado matemático está descripto o representado por ecuaciones más compleja que la vista, por ello extendemos los conceptos de ecuaciones diferenciales a otros órdenes y grados.

Definición 2.1.

Llamando respuesta del sistema a la función incógnita, (magnitud variable que en general depende del tiempo t o de una variable independiente x, denotada como $y(x)$.

> A veces expresamos "y" en lugar de "$y(x)$", cuando en realidad y con rigurosidad "y" es la "función" e $y(x)$ el valor de la función en x, a pesar del abuso de escritura, esto es común en la literatura de ingeniería.

Vamos ahora a la definición:

> La ecuación diferencial ordinaria es una relación entre una variable "independiente" (x) o (t) y una función incógnita ($y(x)$ o $y(t)$), además la ecuación debe *implicar* no sólo las función incógnita $y(.)$, sino también algunas de sus *derivadas* ($y^{(n)}(.)$) *cualquiera sea su orden*.

Ejemplo 2.4.

$$y' = 3\,xy + 12$$

$$y'' = x\,\cos x + 2\,xy$$

$$\frac{dz}{dx} + 3\,\frac{d^2z}{dx^2} = 4\,\operatorname{sen}x$$

La notación de Leibnitz es expresar la y' como $\dfrac{dy}{dx}$.

También usaremos la notación de Newton donde la derivada respecto al tiempo queda indicada por un punto:

$$\frac{dy}{dt} = \dot{y}$$

Integrar exige aplicar métodos que depende de la función a integrar, además en muchos casos la solución se obtiene por recurrencia y en otros casos sólo es posible una integración numérica.

Definición 2.2.

> ORDEN de una ecuación diferencial ordinaria es el valor (número natural) que coincide con el mayor orden de la derivada implicada en la ecuación.

Ejemplo 2.5.

$$xy'' + 2y' + 6e^x = 0 \qquad\qquad 2^{do}\ \text{orden}$$

$$y^{IV} - 3xy^{III} = \cos x \qquad\qquad 4^{to}\ \text{orden}$$

Definición 2.3.

GRADO de una ecuación ordinaria es el coeficiente (número natural) al que está elevado el diferencial que define el orden de la ecuación, una vez que la ecuación haya sido escrita en forma racional y entera en relación a los diferenciales y a las variables independientes.

Es el "grado algebraico" de la ecuación.

Nota:

Recordemos que en funciones de una variable, diferenciar coincide con derivar.

Ejemplo 2.6.

Ambas ecuaciones del ejemplo anterior son de primer grado.

$$(y')^3 + 3y = e^x \cos x \qquad\qquad 3^{er} \text{ grado}$$

$$y''' + 2(y')^3 = x + 4 \qquad\qquad 1^{er} \text{ grado}$$

Definición 2.4.

SOLUCION o SOLUCION INTEGRAL de una ecuación diferencial es una relación entre variables, que no contienen diferenciales, y que satisface la ecuación diferencial dada, (en nuestros ejercicios las soluciones son funciones de la forma $y(x)$)

Ejemplo 2.7.

Escogiendo un ejemplo favorable de la forma

$$F(x, y, y') = 0$$

como:

$$2yy' - \frac{x^2}{3} = 0$$

Operando

$$2y \frac{dy}{dx} = \frac{x^2}{3}$$

$$2y \, dy = \frac{x^2}{3} \, dx$$

$$\int 2y \, dy = \frac{1}{3} \int x^2 \, dx$$

$$y^2 = \left(\frac{x^3}{9}\right) + C$$

o

$$y = \pm \sqrt{\left(\frac{x^3}{9}\right) + C}$$

Todas las infinitas relaciones

$$y = \pm \sqrt{\left(\frac{x^3}{9}\right) + C}$$

si

$$\left\{\left(\frac{x^3}{9}\right)\right\} + C \geq 0$$

son soluciones de la EDO1 (Ecuación Diferencial Ordinaria de 1° grado)

Al conjunto de estas soluciones se lo denomina solución general. Si se deseara obtener en particular una solución, hay que observar las imposiciones de las condiciones de bordes, contornos o iniciales y determinar el valor del número constante C.

Ejemplo 2.8.

Se desea la solución particular del ejercicio anterior, tal que pase por el punto

$$(x, y) = (2, 1)$$

como

$$y^2 = \frac{x^3}{9} + C$$

evaluando en el punto:

$$1 = \frac{8}{9} + C$$

luego

$$C = \frac{1}{9}$$

la solución particular será:

$$y = \sqrt{\frac{x^3}{9} + \left(\frac{1}{9}\right)} = \frac{1}{3}\sqrt{x^3 + 1}$$

Nota:

Las ecuaciones diferenciales con dos o más variables independientes, son denominadas ecuaciones diferenciales a derivadas parciales. Las que implican una sola variable independiente se denominan Ordinarias.

Observación

Las ecuaciones diferenciales ordinarias, pueden expresarse de distintas formas:

Forma General (FG)	$F(x, y, y') = 0$
Forma Normal en Derivada (FNd)	$y' = g(x, y)$
Forma Normal en Diferencial (FNd)	$A(x, y)\, dy + B(x, y)\, dx = 0$

Ejemplo 2.9. Ecuación del crecimiento exponencial

En una colectividad de microorganismos se admite que la variación relativa del número de individuos ($\Delta x / N$) en cada instante t es proporcional al número de individuos:

$$\frac{dx}{dt} = \alpha\, x \quad x(0) = x_0 \qquad \alpha \in \mathbb{R}$$

α es una constante característica de la población estudiada.

Esta ecuación se lee "como el crecimiento o variación" de la población es proporcional a la cantidad de microorganismos de esa población.

Resolviendo:

$$\frac{dx}{x} = \alpha\, dt$$

$$\int \frac{dx}{x} = \int \alpha\, dt$$

$$\mathrm{Ln}|x| = \alpha\, t + C$$

Siempre es posible de expresar a una constante real C como $\mathrm{Ln}\, P$, con P un real positivo. Luego:

$$\mathrm{Ln}|x| - \mathrm{Ln}\, P = \alpha\, t$$

$$\mathrm{Ln}\left|\frac{x}{P}\right| = \alpha\, t$$

$$\left|\frac{x}{P}\right| = e^{\alpha t}$$

$$|x| = P e^{\alpha t}$$

ó

$$x = \pm P e^{\alpha t}$$

como $x > 0$, resulta en forma general que toma el signo positivo:

$$x = P e^{\alpha t}$$

Con la condición que si $t = 0$ hace que $x = x_0$ tenemos que:

$$x_0 = P$$

$$x = x_0 \, e^{\alpha t}$$

solución particular.

Esto muestra que la población crece exponencialmente, de acuerdo al índice α.

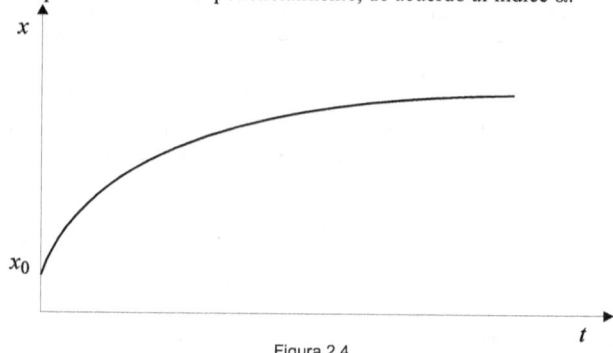

Figura 2.4

La sociología usa esta misma ecuación para explicar el avance del crecimiento de una ciudad, con índices $\alpha \cong 0.02$ por año.

2.3. Distintos tipos de EDOs 1

Los tipos corrientes de EDO 1 son:

Variables Separables	**(S)**
Homogéneas	**(H)**
Diferenciales Exactas	**(E)**
Lineales	**(L)**

Con las "formas típicas" de escritura:

	Formas Típicas	Resolución
S	$A(y)\,dy + B(x)\,dx = 0$	$\int A(y)\,dy = -\int B(x)\,dx + C$
H	$y' = g\left(\dfrac{y}{x}\right)$	$\dfrac{y}{x} = u$ $y = u\,x$ $y' = u'x + u$ $\int B(u)\,du = \int A(x)\,dx + C$

E	$A(x,y)\,dy + B(x,y)\,dx = 0$ $$\frac{\delta A}{\delta x} = \frac{\delta B}{\delta y}$$	$$\int_{a}^{x} A(xy)\,dy + B(xy)\,dx + C$$
L	$y' + A(x)y = B(x)$	$M = \int A(x)\,dx$ $$y = e^{-M}\left(\int B(x)\,e^{M}\,dx + C\right)$$

Estamos interesados en las ecuaciones de *Variables Separables, Homogéneas y Li-neales*, dejando los tipos restantes para que el estudiante amplíe por cuenta propia según sus necesidades, en el Apéndice de esta unidad se incorpora un resumen de la forma diferencial exacta (E), y se indica la bibliografía oportuna.

2.4. Ecuaciones Diferenciales Ordinarias de orden uno a variables separable. EDO 1 (S)

Las ecuaciones diferenciales ordinarias de primer orden de variables separables se resuelven por "simple integración" previo separar las variables en uno y otro miembro de la ecuación.

Nota:

Como vimos muchas veces la constante de integración C se pone como Ln P con $P>0$

Con esto se consigue escribir una solución más compacta y una familia de curvas más simples para graficar.

Ejemplo 2.10. Crecimiento y Decaimiento Natural

Una ciudad tenía una población de 25 M (25.000) habitantes en el año de 1960, y de 30 M en 1970. Suponiendo que la población siga creciendo exponencialmente con índice de crecimiento constante. ¿Que población se puede esperar en el año 2000?

Solución

$P(t)$ es el número total de habitantes que depende del tiempo, pues si existe un crecimiento positivo a medida que pase el tiempo aumenta el número de habitantes. Además una población posee índice de natalidad (β) e índice de mortandad (δ), ambas constantes que dependen de la "especie" que se trate.

Lo que significa que en el intervalo de tiempo Δt ocurren: $\beta P(t)\Delta t$ nacimientos y $\delta\,P(t)\,\Delta t$ muertes.

Así la variación de habitantes $\Delta P(t)$ estará dado por:

$$\Delta P(t) = (\beta - \delta)\,P(t)\,\Delta t \qquad\qquad [2.1]$$

llamando a

$$\beta - \delta = k$$

constante, y tomando límites para un

$$\Delta t \to 0$$

resulta:

$$\frac{dP(t)}{dt} = kP(t)$$

Es una ecuación diferencial del tipo de variables separables (S) resolviendo por integración:

$$\frac{dP(t)}{P(t)} = k \ dt$$

e integrando

$$\mathrm{Ln}\left|P(t)\right| = kt + C$$

llamando a la constante de integración C como $\mathrm{Ln}\ P$ con $P > 0$ resulta:

$$\mathrm{Ln}\left|P(t)\right| - \mathrm{Ln}\ P = kt$$

$$\mathrm{Ln}\ \frac{P(t)}{P} = k\ t$$

$$\frac{P(t)}{P} = e^{kt}$$

$$P(t) = P\ e^{kt}$$

esto es una solución "general" pues P es desconocido.

En base a los datos trataremos de determinar la constante k, tomamos condiciones de bordes sobre la [2.1]

$$\Delta P(t) = P(t)\ k\ \Delta t$$

valorizando:

$$30\ \mathrm{M} - 25\ \mathrm{M} = 5\ \mathrm{M} \ . \ k\ (1970 - 1960)$$

$$\frac{5M}{25M.10} = k = 0,02$$

se denomina esta k como constante de crecimiento "neto".

Entonces nuestra solución general es:

$$P(t) = P\ e^{0,02\,t}$$

buscando ahora la solución "particular" de nuestra ciudad problema, aplicamos las condiciones de contorno (iniciales 1960) y resulta:

$$P(1960) = P\,e^{0,02 \times 1960} = P\,e^{39,2} = 25\ M$$

explicitando P:

$$P = 25\ M\,e^{-39,2}$$

con este valor, ya tenemos la solución de nuestro problema de crecimiento neto en nuestra ciudad, así para el ano 2000 se preverá una población de:

$$P(2000) = Pe^{0,02 \times 2000} = Pe^{40}$$

$$P(2000) = 25\ M.e^{-39,2}e^{40} = 25\ M\,e^{0,8}$$

$$P(2000) = 25\ M \times 2,225 = 55,63\ M$$

Otra aplicación es sobre interés compuesto:

Ejemplo 2.11. Interés Compuesto

Si $A(t)$ es una cantidad de pesos en una cuenta, y crece de acuerdo a un interés compuesto de tasa anual r (recordar que la tasa del 10% significa $r = 0,1$). El monto de interés agregado en un tiempo Δt es de:

$$\Delta A = r\,A(t)\,\Delta t$$

así la variación de capital con el tiempo es de:

$$\frac{dA}{dt} = r\,A(t)$$

Apliquemos esto a un ejemplo:

Una pareja deposita cuando nace un niño la suma de pesos $ 5.000 en una cuenta de ahorro con un interés compuesto continuo del 8% anual. Se dejó que acumulara los intereses devengados.

¿A cuánto asciende la cuenta cuando el niño cumpla los 18 años?

Solución:

la ecuación diferencial es:

$$\frac{dA}{dt} = 0.08 \cdot A(t)$$

Acomodando para integrar:

$$\frac{dA}{A} = 0.08 \cdot dt$$

Integrando:

$$Ln\,A(t) = 0,08\,t + C$$

con

$$C = Ln\,P\ ,\quad P > 0$$

$$Ln\,A(t) = 0,08\,t + Ln\,P$$

$$Ln\,\frac{A(t)}{P} = 0,08\,t$$

$$\frac{A(t)}{P} = e^{0,08t}$$

$$A(t) = P\,e^{0,08t}$$

es la **Solución General.**

Calculando P mediante la condición inicial que es el momento de nacimiento del niño, $t = 0$, con $A(0) = 5000\,\$$

$$5000 = P\,e^0 = P$$

es la **Solución Particular**:

$$A(t) = 5000\,e^{0,08t}$$

al cumplir los 18 años:

$$A(18) = 5000\,e^{\,0,08\times18} = 5000\,e^{1,44}$$

$$A(18) = 5000 \times 4,22 = 21.103,48\,\$$$

2.5. Ecuaciones diferenciales ordinarias de primer orden homogéneas. EDO 1 (H)

Definición 2.5.

Una función $f(x, y) = z$ es homogénea de grado de homogeneidad "m" si para $t > 0$ satisface que:

$$f(tx, ty) = t^m\,f(x, y)$$

Ejemplo 2.12.

$$f(x, y) = \sqrt{x^2 - 3\,y^2}$$

pues

$$f(tx, ty) = t\,\sqrt{x^2 - 3y^2} = t\,f(x, y) \quad ;\ \text{grad. } m = 1$$

otro ejemplo:

$$f(x, y) = x^2 + y^2 \cos\left(\frac{y}{x}\right)$$

pues

$$f(tx, ty) = t^2\left[x^2 + y^2 \cos\left(\frac{y}{x}\right)\right] = t^2 f(x, y)\,;\ \text{grad. } m = 2$$

Definición 2.6.

Una EDO de la forma (FNd)

$$A(x,y)\, dy + B(x,y)\, dx = 0$$

Es una EDO (H) si las funciones $A(x,y)$ y $B(x,y)$ son homogéneas del mismo grado.

Ejemplo 2.13.

$$(x^2 + y^2)\, dx + \sqrt{x^4 - 2\, y^4}\ dy = 0$$

si:

$$A(tx,ty) = t^2\, A(x,y)$$

$$\Rightarrow \text{ es homogénea}$$

$$B(tx,ty) = t^2\, B(x,y)$$

Definición 2.7.

Una EDO 1 de la forma $F(x,y,y') = 0$ es homogénea si puede ser puesta en la forma:

$$y' = g\!\left(\frac{y}{x}\right)$$

Ejemplo 2.14.

$$(x^2 - 3\, y^2)\, y' = x^2 + y^2$$

$$y' = \frac{x^2 + y^2}{x^2 - 3y^2}$$

dividiendo numerador y denominador por x^2 resulta:

$$y' = \frac{1 + \left(\dfrac{y}{x}\right)^2}{1 - 3\left(\dfrac{y}{x}\right)^2} = g\!\left(\frac{y}{x}\right)$$

Solución:
Llamando

$$u = \left(\frac{y}{x}\right)$$

con

$$y = u.x$$

$$y' = u'.x + u$$

reemplazando en la ED, se transforma en una ED tipo (S) en u, x

Ejemplo 2.15.

$$x \, dy - (x + y) \, dx = 0$$

$$y' = \frac{x + y}{x} = \frac{1 + \dfrac{y}{x}}{1}$$

$$y' = 1 + \left(\frac{y}{x}\right) = u + u'x = 1 + u$$

$$u' \, x = 1$$

$$du = \left(\frac{dx}{x}\right)$$

$$u = Ln|x| + Ln \, P = Ln|Px| = \left(\frac{y}{x}\right)$$

$$y = x \, Ln \, P|\,x\,|$$

2.6. Ecuación diferencial de primer orden lineal EDO 1 LINEAL (L)

Puede tomar la "forma"

$$y' + A(x) \, y = B(x)$$

Un caso de resolución inmediata es cuando $B(x) = 0$. Es el caso de la ecuación incompleta u homogénea (observar que el término "homogénea" no significa lo mismo que en funciones homogénea, ahora se trata de ecuación homogénea donde se anula la excitación o entrada).

$$y' + A(x) \, y = 0$$

Por variables separadas, se obtiene la solución:

$$y' = - \, A(x) \, y$$

$$dy \, / \, y \ = \ - \, A(x) \, dx$$

integrando

$$Ln \, |y| = - \int A(x) \, dx = - \, M(x) + C$$

si como siempre

$$C = Ln \, P \, ; \, con \, P > 0:$$
$$|y| = P \, e^{-M(x)}$$

$$y = \pm \, P \, e^{-M(x)}$$

Por otra parte...

Para resolver la ecuación lineal completa o sea con $B(x) \neq 0$ se puede partir del método de variación de parámetros, y es considerando que la solución general de la completa tendrá la forma de

$$y(x) = u(x) . v(x)$$

con u y v funciones de x. Donde $u(x)$ es solución de la ecuación homogénea (incompleta) de la ecuación dada (que es completa), en realidad la propuesta es que la solución sea como la homogénea con P como una cierta $v(x)$.

Si

$$y = u . v$$

será

$$y' = u'v + v'u$$

y reemplazando:

$$u'v + v'u + A(x) u v = B(x)$$

$$v \underset{0}{\underline{(u' + A(x) u)}} + u v' = B(x)$$

como u es solución (*cualquiera, por ello se toma la más "simple" considerando la constante de integración uno o cero*) de la incompleta, el paréntesis se anula y resulta:

$$u v' = B(x)$$

$$dv = \frac{B(x)}{u} dx$$

$$v = \int \frac{B(x)}{u} dx = \int B(x) e^{M(x)} dx + C_1$$

$$y = uv = e^{-M(x)} \left(\int B(x) e^{M(x)} dx + C_1 \right)$$

Recuerde las propiedades de los logaritmos, le propongo que ahora complete como ejercicio la tabla siguiente:

$Ln\ a.b =$	$e^{Ln a} =$
$Ln\ a / b =$	$Ln\ e^a =$
$Ln\ 1 / a =$	$\log_b a =$
$Ln(a)^b =$	$a^{-Ln a} =$

Ejemplo 2.16.

$$y' - 3 x^2 y = x$$

1. Homogeneizando

$$u' - 3x^2 \, u = 0$$

resolviendo

$$u' = 3 \, x^2 \, u$$

$$\frac{du}{u} = 3x^2 \, dx$$

$$Ln|u| = x^3 + k$$

si $k = 0$ obtenemos una solución particular, observamos que necesitamos cualquier solución de la homogénea, por ello adoptamos la más simple que es con $k=0$.

$$u(x) = e^{x^3}$$

2. Solución de la completa:

Si

$$y = u.v$$

$$y' = u'v + v'u$$

$$u'v + v'u - 3 \, x^2 \, uv = x^2$$

$$\underbrace{v(u' - 3x^2 \, u)}_{\substack{=0 \text{ pues} \\ \text{es la} \\ \text{homogenea}}} + v'u = x^2$$

$$v'u = x^2$$

$$v' = \frac{x^2}{u} = e^{-x^3} x^2$$

$$v = \int e^{-x^3} x^2 dx + C$$

la solución general:

$$y(x) = e^{x^3} \left(\int e^{-x^3} x^2 dx + C \right)$$

Observar que la constante C queda siempre dentro del paréntesis o multiplicada por la solución homogénea, si no fuera así se perdería la respuesta Propia u Homogénea del Sistema, lo que significa que la solución homogénea o incompleta "siempre" está en la solución general.

Si continuamos con la operatoria, resolviendo la integral del corchete por sustitución, con $\omega=x^3$ y por consiguiente:

$$dw = 3 \, x^2 dx$$

resulta:

$$\int e^{-x^3} x^2 dx = \frac{1}{3} \int e^{-w} dw = -\frac{1}{3} e^{-w} + C_1 = -\frac{1}{3} e^{-x^3} + C_2$$

luego:

$$y(x) = e^{x^3} \left[-\left(\frac{1}{3}\right) e^{-x^3} + C_2 \right] = -\frac{1}{3} + C_2 \, e^{x^3}$$

2.7. Problemas

PROBLEMA 1

1. Dar el orden de cada una de las siguientes ecuaciones diferenciales:

    a) $xy'' + 2xy' - 3 \, sen \, x = 0$

    b) $y''' + 2 \, e^t y' = 3 \, t$

    c) $(y')^3 = x^2 + y^2$

    d) $x' + (x''')^2 + 3 \, x = 5$

    e) $(x^2 + y) \, dy - 3 \, x \, dx = 0$

    f) $(x''')^2 + sen \, t = 0$

2. Verificar en cada caso las soluciones propuestas

    a) $y = x \, y' + (y')^4 + 2 \, y''$ $y = c \, x + c^4$

    b) $(y')^2 - 2 \, xy + 1 = 0$ 1. $y^2 - 2 \, c \, x + c^2 = 0$

                                        2. $x^2 = y^2$

                                        3. $x = y^2 + 1/4$

    c) $y'' + 4 \, y = 0$ $y = c_1 \, sen \, 2x + c_2 \, cos \, 2x$

PROBLEMA 2

1   Un móvil recorre el eje x con una velocidad que depende únicamente de su posición, es decir:

$$\frac{dx}{dt} = f(x) = x^2$$

Calcule el tiempo empleado desde la posición $x_0 = 1$ m hasta $x_1 = 10$ m.

2   Sea la ecuación diferencial

    $y' + P(x)y = 0$

encuentre la solución general.

3   En el interés continuo, el capital $x(t)$, produce en el intervalo de tiempo dt un interés $px.dt$, p es "tanto por uno", por lo tanto:

$$dx = px\, dt$$

Calcule el capital al tiempo t si se parte de un capital inicial K cuando sea $t=0$.

4   $ye^{2x}dx - (1 + e^{2x})dy = 0$

PROBLEMA 3

Resolver

1   $y' = \dfrac{x^2 + xy + y^2}{x^2}$

2   $(x^2 - 3y^2)y' = x^2 + y^2$

PROBLEMA 4

Resolver la EDO

1   $y' - \dfrac{1}{x+1}\, y = x^2$

2   $y' + 2y = e^{-2x}$

3   $y' + y\cos x = \cos x\, \operatorname{sen} x$

2.8. Soluciones a los Problemas

PROBLEMA 1. SOLUCIÓN

1.a   2° orden

1.b   3° orden

1.c   1° orden

1.d   3° orden

1.e   1° orden

1.f   3° orden

2.a $y' = C$

reemplazando en la ecuación

$$y = xC + C^4$$

Si Verifica

2.b-1   Derivando como función compuesta:

$$2\, y\, y' - 2\, C = 0$$

$$y' = \left(\frac{C}{y}\right) \text{ si } y \neq 0$$

reemplazando:

$$\frac{C^2}{y^2} - 2x\frac{C}{y} + 1 = 0$$

como $y \neq 0$ se puede escribir

$$C^2 - 2\,C\,x\,\underline{y} + y = 0$$

Lo subrayado es justamente $-y^2$. Luego se verifica

2.b-2 $x^2 = y^2$

derivando:

$$2\,x = 2\,y\,y'$$

si

$$y \neq 0$$

$$y' = \left(\frac{x}{y}\right)$$

reemplazando

$$\left(\frac{x}{y}\right)^2 - 2\,\frac{x^2}{y} + 1 = 0$$

$$x^2 - 2\,x^2\,y + y^2 = 0$$

$$x^2\,(1 - 2\,y) + y^2 = 0$$

ó

$$y^2\,(1 - 2\,y) + y^2 = 0$$

No se cumple para todo x y por ende $y(x)$ no es solución.

2.b-3 $1 = 2\,y\,y'$

$$y' = \frac{1}{2}\,y$$

$$\frac{1}{4y^2} - \frac{2x}{2y} + 1 = 0$$

$$\left(\frac{1}{4}\right) - xy + y^2 = 0$$

$$x - x\,y = 0$$

No se cumple para todo x luego no se verifica que $y(x)$ se solución.

2.c

$$y' = 2\,C_1 \cos 2x - 2\,C_2 \operatorname{sen} 2x$$

$$y'' = -4\ C_1\ \text{sen}\ 2x - 4\ C_2\ \cos\ 2x$$

reemplazando:

$$-4C_1\ \text{sen}\ 2x - 4C_2\ \cos 2x + 4C_1\ \text{sen}\ 2x + 4C_2\ \cos 2x = 0$$

Si se cumple para todo x.

PROBLEMA 2. SOLUCIÓN

2.1

$$\frac{dx}{dy} = x^2$$

$$\frac{dx}{x^2} = dt$$

$$-\frac{1}{x} = t + C$$

luego la solución general es:

$$x = -\frac{1}{t + C}$$

Con las condiciones de contorno (o borde):
para

$$x_0 = 1\ m = -\frac{1}{t_0 + C}$$

$$x_{10} = 10\ m = -\frac{1}{t_{10} + C}$$

dos ecuaciones con dos incógnitas t_0 y t_{10}
Resolviendo:

$$t_0 + C = -1$$

$$t_{10} + C = -\frac{1}{10}$$

luego:

$$t_{10} - t_0 = \frac{9}{10}$$

como $t_0 = 0$ seg. será $t_{10} = 0{,}9$ seg.

2.2

$$x^2 = y^2$$

$$Ln\ |y| = -\int P(x)\ dx + K\ ;\ \text{si}\ K = Ln\ C$$

con $C > 0$

$$|y| = C\ e^{-\int p(x)\ dx}$$

2.3

$$dx = p \, x \, dt$$

$$\frac{dx}{x} = p \, dt$$

$$Ln \, x = p \, t \, + \, K$$

si

$$K = Ln \, C \, ; x = C \, e^{pt}$$

2.4

$$y \, e^{2x} \, dx = (\, 1 + e^{2x} \,) \, dy$$

$$\int \frac{dy}{y} = \int \frac{e^{2x}}{1 + e^{2x}} dx$$

llamando

$$e^{2x} = u \text{ con } du = 2 \, e^{2x} \, dx$$

$$Ln \, |y| = \frac{1}{2} \, \int \frac{du}{1 + u} = \frac{1}{2} Ln \, |1 + u| + C$$

como siempre, con $C = Ln \, P$ siendo $P > 0$ resulta

$$Ln \, |y| = Ln \, (\, 1 + e^{2x} \,)^{\frac{1}{2}} + Ln \, P$$

luego:

$$y = \pm \, P \, (\, 1 + e^{2x} \,)^{\frac{1}{2}}$$

Problema 3. Solución

3.1 Como siempre en las homogéneas pasamos a la forma dada por $y' = g(y \, / \, x)$ para lo cual la transformación es:

$$y \, / \, x = u$$

$$y' = u' \, x + u \, p$$

luego:

$$y' = 1 + u + u^2 = u' \, x + u$$

$$u' \, x = 1 + u^2$$

$$\frac{du}{1 + u^2} = \frac{dx}{x}$$

integrando:

$$arc.tg \, u = Ln \, |x| + C$$

como siempre si llamamos $C = Ln \, P$; con $P > 0$ resulta

$$arc. \, tg \, u = Ln \, P|x| \text{ ó } u = tg \, (\, Ln \, P|x|)$$

luego la solución general es:

$$y = x \ \text{tg}(\ Ln \ P|x|)$$

3.2 Este Problema es un tanto más laborioso. Sea

$$y' = \frac{x^2 + y^2}{x^2 - 3y^2}$$

dividiendo por x^2 nos conduce directamente a la forma de

$$y' = g\left(\frac{y}{x}\right) = \frac{1 + \left(\dfrac{y^2}{x^2}\right)}{1 - 3\left(\dfrac{y^2}{x^2}\right)}$$

con

$$\left(\frac{y}{x}\right) = u$$

e

$$y' = u'x + u$$

resulta:

$$u'x + u = \frac{1 + u^2}{1 - 3u^2}$$

separando variables

$$\left[\frac{1 - 3u^2}{1 + u^2} - u\right] du = \frac{dx}{x}$$

$$\frac{1 - 3u^2 - u - u^3}{1 + u^2} du = \frac{dx}{x}$$

dividiendo el cociente de polinomios de u, resulta:

$$\left[-(u + 3) + \frac{4}{1 + u^2}\right] du = \frac{dx}{x}$$

integrando

$$\frac{-u^2}{2} - 3u + 4 \, arc.\text{tg} \, u = Ln \, |x| + C$$

Problema 4. Solución

4.1 Primero resolver la ecuación incompleta u homogénea (con entrada o excitación nula):

$$u' - \frac{1}{x + 1} u = 0$$

por variables separadas (*S*)

$$\frac{du}{dx} = \frac{1}{x+1}\, u$$

$$\frac{du}{u} = \frac{dx}{x+1}$$

$$Ln\,|u| = Ln\,|x+1| + K$$

como se busca "una" solución homogénea se puede hacer $K = 0$; luego tomamos

$$u = x+1$$

Si consideramos

$$y = u.v \; ; \; y' = u'v + uv'$$

reemplazando:

$$u'v + v'u - \frac{1}{x+1}uv = x^2$$

$$v\left[u' - \frac{1}{x+1}u\right] + v'u = x^2$$

como u es una solución de la ecuación homogénea, el valor entre [.] es nulo, luego:

$$v'\,u = x^2$$

$$dv = \frac{x^2}{x+1}\,dx$$

Integrando esta última expresión resulta (para lograrlo conviene dividir):

$$\frac{x^2}{x+1} = x - 1 + \frac{1}{x+1}$$

luego

$$v = \int(x - 1 + \frac{1}{x+1})\,dx$$

$$v = \frac{x^2}{2} - x + Ln|x+1| + C_1$$

$$y = uv = (x+1)\left(\frac{x^2}{2} - x + Ln|x+1| + C_1\right)$$

4.2

$$y' + 2y = e^{-2x}$$

La ecuación homogénea:

$$u' + 2u = 0$$

$$\frac{du}{dx} = -2u$$

$$\frac{du}{u} = -2\ dx$$

$$Ln\ |u| = -2x + K$$

considerando $K = 0$, resulta

$$u = e^{-2x}$$

Si ahora se hace

$$y = u.v$$

$$y' = u'v + u\ v'$$

y se reemplaza en la ecuación completa:

$$u'v + v'u + 2\ u.v = e^{-2x}$$

$$v\ [\ u' + 2\ u\ ] + v'u = e^{-2x}$$

$$v'u = e^{-2x}$$

$$v' = \frac{e^{-2x}}{u}$$

luego

$$v = x + C$$

$$y = u.v = e^{-2x}\ (\ x + C\ )$$

4.3   La ecuación homogeneizada es:

$$u' + u\ \cos\ x = 0$$

separando variables:

$$\frac{du}{u} = -\cos x\ dx$$

$$Ln\ |u| = -\operatorname{sen} x + k$$

como siempre tomando $k = 0$, "una" solución puede ser:

$$u = e^{-\operatorname{sen} x}$$

ahora,

$$y = u.v$$

$$y' = u'v + v'u$$

$$u'v + v'u + u\ v\ \cos\ x = \cos\ x\ .\operatorname{sen}\ x$$

$$v'\ u = \cos\ x\ .\operatorname{sen}\ x$$

$$v' = e^{\operatorname{sen} x}\ \cos\ x\ .\ \operatorname{sen}\ x$$

$$v = \int e^{w} w\ dw$$

si $\omega = \operatorname{sen} x$

$$u' + u \cos x = 0$$

integrando "por partes" resulta:

$$v = \omega e^{\omega} - \int e^{\omega} \, d\omega = \omega e^{\omega} - e^{\omega} + C$$

$$y = u.v = e^{-\operatorname{sen} x} [\operatorname{sen} x. \, e^{\operatorname{sen} x} - \operatorname{sen} x + C]$$

$$y = \operatorname{sen} x - 1 + C \, e^{-\operatorname{sen} x}$$

Apéndice

2.9. Ejemplos de Ecuaciones Diferenciales a Variables Separables

Veamos ejemplos un tanto matemático de ecuaciones diferenciales a variables separables:

Ejemplo 2.17.

$$\frac{x^2 - 1}{y^2 + 1} \, y' = \frac{x}{y}$$

Recordando que

$$\frac{dy}{dx} = y'$$

Acomodando; imponiendo la condición que $x^2 \neq 1$ e integrando:

$$\int \frac{y}{y^2 + 1} \, dy = \int \frac{x}{x^2 - 1} \, dx$$

$$\frac{1}{2} \, Ln \left| y^2 + 1 \right| = \frac{1}{2} \, Ln \left| x^2 - 1 \right| + \frac{K}{2}$$

con $K/2$ = cte se tiene en cuenta las constantes de integración indefinida en "ambas" integrales, se coloca $K/2$ por comodidad como veremos.

Si $K = Ln \, P$ con $P > 0$ entonces

$$Ln \left| y^2 + 1 \right| - Ln \left| x^2 - 1 \right| = Ln \, P$$

$$\left| \frac{y^2 + 1}{x^2 - 1} \right| = P$$

ó

$$\frac{y^2 + 1}{x^2 - 1} = \pm P$$

Como es una ecuación en valor absoluto, implica dos condiciones por ello el doble signo sobre P que es una cantidad positiva ($P > 0$).

Luego las soluciones serán:

A)

$$y^2 + 1 = P(x^2 - 1)$$

$$y^2 - P x^2 = -1 - P$$

$$\frac{P x^2}{1 + P} - \frac{y^2}{1 + P} = 1$$

Recordemos la ecuación de las cónicas:

$$\pm \frac{x^2}{a^2} \pm \frac{y^2}{b^2} = 1$$

ahora será

$$a^2 = \frac{1 + P}{P}$$

$$b^2 = (1 + P)$$

como $P > 0$ es de la "forma" de

$$\frac{x^2}{a^2} - \frac{y^2}{b^2} = 1 \tag{2}$$

que se representa por una hipérbola:

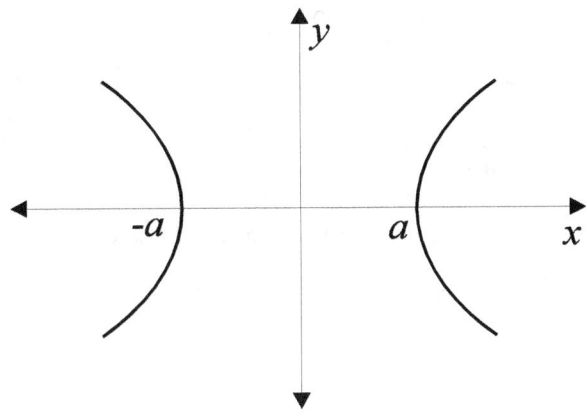

Figura A-1

B) Las otras soluciones serán de la ecuación:

$$y^2 + 1 = -P(x^2 - 1)$$

$$y^2 + 1 = -Px^2 + P$$

$$y^2 + Px^2 = P - 1 \qquad\qquad [1]$$

$$\frac{Px^2}{1+P} + \frac{y^2}{1+P} = 1$$

Si $P = 1$ resulta al evaluarlo en [1] que $y^2 + x^2 = 0$ ó lo que es lo mismo $y^2 = -x^2$, única posible solución es que $y = x = 0$

Si $P > 1$ es de la "forma":

$$\frac{x^2}{a^2} + \frac{y^2}{b^2} = 1 \qquad\qquad [3]$$

que corresponde a una elipse.

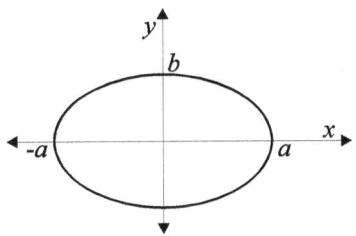

Figura A-2

Si $P < 1$ sería de la "forma":

$$-\frac{x^2}{a^2} - \frac{y^2}{b^2} = 1$$

que no posee solución, pues la suma de dos números positivos no puede ser -1.

> Resumen: Las "curvas integrales" que representan las soluciones generales son las hipérbolas y elipses dadas por [2] y [3].

2.10. Ecuación diferencial ordinaria de primer orden diferencial exacta. EDO 1 (E)

Si la ecuación diferencial está escrita en la forma (FNd):

$$A(x,y)\,dy + B(x,y)\,dx = 0$$

y se verifica que

$$\frac{\delta A}{\delta x} = \frac{\delta B}{\delta y}$$

entonces es diferencial exacta.

Solución

La solución está dada como la función potencial igualada a una constante (potencial de referencia)

$$\phi\,(x,y) = C$$

Ejemplo 2.18

$$(\,2x\,y^3 - y\,)\,dx + (\,3\,x^2\,y^2 - x\,)\,dy = 0$$

Probamos si es diferencial exacta:

$$\frac{\delta(2\,x\,y^3 - y)}{\delta y} = 6\,x\,y^2 - 1$$

$$\frac{\delta(3\,x^2 y^2 - x)}{\delta x} = 6\,x\,y^2 - 1$$

2.11. Cálculo de la función potencial

Sabemos que la función potencial de un campo de gradientes es tal que, si

$$\text{grad.}\ A = (\,f_1, f_2\,)$$

entonces,

$$f_1 = \frac{\delta\phi(x,y)}{\delta x}$$

$$f_2 = \frac{\delta\phi(x,y)}{\delta y}$$

con $\phi(x,y)$ función potencial (escalar).

En nuestro ejemplo, la función potencial $\phi(x,y)$ se obtiene:

$$\phi(x,y) = \int(2xy^2 - y)\,dx = x^2 y^3 - xy + C(y)$$

si ahora derivamos:

$$\frac{\delta\phi(x,y)}{\delta y} = 3x^2 y^2 - x = 3x^2 y^2 - x + \frac{\delta C(y)}{\delta y}$$

esto implica que

$$\frac{\delta C(y)}{\delta y} = 0$$

luego:
$$C(y) = C \ \text{(Cte)}$$

la función diferencia de potencial sería

$$\phi(x,y) = x^2 y^2 - xy + C$$

y la solución de la ED:

$$x^2 y^2 - xy = K \ \text{(Cte)}$$

2.12. Problemas

2.12.1. EDO 1 (S)

PROBLEMA 1

Resolver las ecuaciones DO(S).

a) $y' = \dfrac{y}{x}$

b) $y' = \dfrac{x}{y}$

c) $y' = \dfrac{1-y}{1+x}$

d) $y' = \dfrac{1+x}{1-y}$

e) $y' - y\cos x = 0$

PROBLEMA 2

Encontrar una solución particular para el valor dado de C.

a) $y' = 2\,xy$ $\qquad\qquad$ $C = 1$

b) $y' = \sec\,x\,\operatorname{sen}\,x$ $\qquad\qquad$ $C = 2$

c) $y' = y^2\,3\,x^2$ $\qquad\qquad$ $y(0) = 1$

d) $y\,dy - x\,dx = 0$ $\qquad\qquad$ $y(1) = 1$

2.12.2. EDO (H)

PROBLEMA 3

Resolver:

a) $y' = \dfrac{2y^2 + x^2}{x\,y}$

b) $(x^2 - xy)\,dx + x^2\,dy = 0$

c) $x^2 - y^2 + 2\,x\,y\,y' = 0$

d) $x\,y\,dx + (\,x^2 + y^2\,)\,dy = 0$

2.12.3. EDO (L)

PROBLEMA 4

Resolver

a) $y' + \dfrac{2y}{x} = x$

b) $y' - \dfrac{2y}{x^2} = \dfrac{1}{x^2}$

c) $x\,y' - 2y = 0$

d) $y' + y\,\cos\,x = \cos\,x$

e) $y' + x^2\,y = x^2$ $\qquad\qquad$ $y(0) = 2$

f) $y' - 7\,y = e^x$ $\qquad\qquad$ $y(0) = 0$

3

Ecuaciones Diferenciales Lineales de Segundo Orden

3.1. Introducción

Los sistemas donde intervienen dos acumuladores intervinculados, se relacionan mediante sus entradas y salidas con la expresión escrita de ecuaciones diferenciales ordinarias de segundo orden (EDOs-2), constituyendo un grupo muy importante de ecuaciones. Se estudia solamente las ecuaciones DOs 2 denominadas "a coeficientes constantes" y en particular las que trata esta unidad, en dominio del tiempo, las denominadas incompletas u homogéneas.

Estas EDOs-2 a coeficientes constantes son muy comunes en el modelado de procesos biológicos, económicos, administrativos, físicos en general, por ello comenzamos con un ejemplo del tipo mecánico de fácil interpretación para luego ir generalizando hacia otros sistemas.

Esta unidad muestra los métodos clásicos de resolución tratando de "no perdernos" con las elaboraciones algebraicas y comprender la necesidad de encontrar una relación que vincule las entradas con las salidas de sistemas, lo más clara y compacta posible. Con la finalidad de que podamos leer el comportamiento del sistema, optimizarlo, manipularlo y desarrollarlo.

Lo veremos con un ejemplo. Es quizá, uno de los ejemplos más conocidos el comportamiento simplificado de un sistema mecánico Masa-Resorte-Amortiguador, propio de balanzas, instrumentos a bobina móvil, suspensión de vehículos, etc.

Veamos un caso físico sobre la suspención de un automóvil:

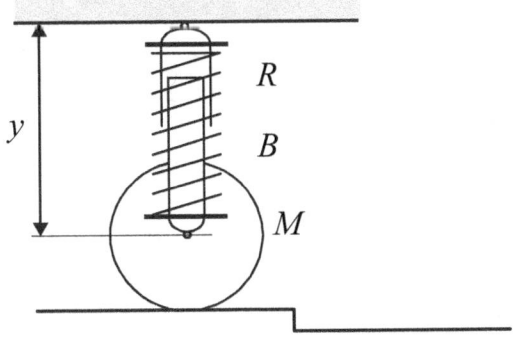

Figura 3.1

La rueda posee una cierta masa *M*, el fuelle o resorte una constante elástica *R* y el amortiguador un factor de amortiguamiento *B*.

Cuando esta rueda encuentre un salto, digamos un escalón pueden suceder distintos comportamientos, sea que la rueda baje lentamente el escalón, sea que lo haga rebotando. Si observamos la realidad y la representamos sería en un gráfico donde en ordenadas ponemos la posición de la rueda en relación al chasis, y en abscisas el tiempo resulta:

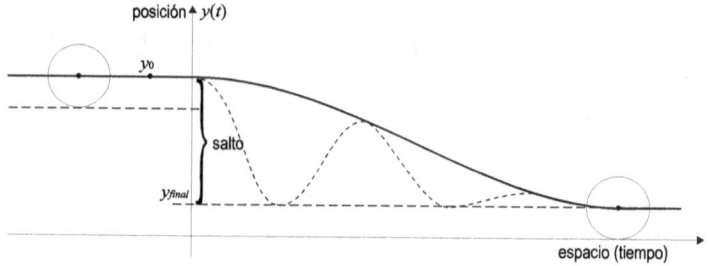

Figura 3.2

Para conocer este comportamiento, hay que expresar el fenómeno en forma aproximada con un lenguaje matemático, diciendo:

- Fuerza inercial de la Masa $= M.a = M.v' = M.y''$
- Fuerza amortiguante $= B.v = B.y'$
- Fuerza antagónica $= K.y$

La entrada o excitación, también es una fuerza que puede depender del tiempo, llamando a esta fuerza de entrada: $f(t)$, resulta como ecuación de equilibrio o balance:

$$f(t) = M y'' + B y' + K y$$

si *M*, *B* y *K* son números entonces es una EDO 2 a coeficientes constantes y escrita en forma general.

$$a y'' + b y' + c y = g(x)$$

El tiempo *t* es reemplazado por la variable *x* (las constantes se suelen indicar con las primeras letras del abecedario (*a,b,c,d* ...) y las variables con las últimas (*x, y, z ,u, v* ...) .-

Se desea conocer *y(t)*, que es el comportamiento de la posición al paso del tiempo,(en matemática *y(x)* como ya mencioné en EDO 1.

3.2. Ecuaciones diferenciales ordinarias de segundo orden

Las formas de estas ecuaciones pueden ser entre otras

3.2.1. Forma General

$$F(x, y, y', y'') = 0$$

3.2.2. Forma Normal

$$y'' = f(x, y, y')$$

Un caso particular, por ser a coeficientes constantes, es escribir la forma general, esta "forma" es muy usada cuando se modela. Se suele escribir comúnmente como:

$$a\,y'' + b\,y' + c\,y = g(x)$$

con $a, b, c, = constantes$ si $a \neq 0$ se denomina EDO 2 a coeficientes constantes. Si la excitación $g(x) = 0$ (se hace o es la entrada nula), se denomina EDO 2 a coeficientes constantes, "homogénea".

La palabra homogénea se refiere a la "forma" de la expresión en relación a (x, y, y'), en particular, se homogeiniza si se anula toda excitación al sistema, de ahí es que también se denomina a las soluciones de esta ecuación homogénea como propia, intrínseca, autónoma, etc.

3.3. Resolución de la EDO 2 homogénea

Recordando la ecuación lineal de primer grado homogénea de la forma

$$a\,y' + b\,y = 0$$

es de variable separable y corresponde una solución de la forma exponencial:

$$y = C\,e^{-b/a\,x}$$

Esto y otras experiencias nos llevan a la convicción de que las soluciones de la ecuación

$$a\,y'' + b\,y' + c\,y = 0$$

son también de la forma exponencial

$$y = A\,e^{rx}$$

Si $A = 0$, también es solución, pues se verifica la ecuación "trivialmente", ésta solución trivial no es de nuestro interés de momento, ya que corresponde a salida nula ante entrada nula o sea la quietud nada nos "dice" del comportamiento del sistema, por lo que consideraremos $A \neq 0$.

Para conocer A y r verificamos esta propuesta en la EDO 2

$$y' = A\,r\,e^{rx}$$

$$y'' = A\,r^2\,e^{rx}$$

$$A(ar^2 + br + c)e^{rx} = 0$$

pero $e^{rx} \neq 0$ para todo x, además supusimos $A \neq 0$, luego para que se cumpla es necesario que el polinomio de segundo grado:

$$a\,r^2 + b\,r + c$$

sea nulo.

La ecuación:

$$a.r^2 + br + c = 0$$

que permite determinar los valores de r (raíces) que la satisfacen se denomina: **Ecuacion Característica**, asociada a la EDO 2 homogénea por lo tanto, si las raíces son r_1 y r_2, será:

$$u_1(x) = e^{r_1 x}$$

$$u_2(x) = e^{r_2 x}$$

son soluciones particulares de la EDO 2.

Observamos que tomamos las soluciones mas fáciles, haciendo las constantes de integración de valor "UNO", pero también son soluciones:

$$C_1 u_1$$

y

$$C_2 u_2$$

con C_1 y C_2 constantes.

$$y = C_1 u_1(x) + C_2 u_2(x) \qquad [3.1]$$

es una solución general pues contempla al conjunto de las infinitas soluciones particulares.

3.4. Teorema del principio de superposición

Si u_1 y u_2 son soluciones de la ecuación diferencial homogénea, y si C_1 y C_2 son constantes, entonces la combinación lineal:

$$C_1 u_1(x) + C_2 u_2(x)$$

también es solución

Ejemplo 3.1

Por simple inspección vemos que

$$u_1 = \cos x$$

y

$$u_2 = \operatorname{sen} x$$

son soluciones de la ecuación

$$y'' + y = 0$$

El teorema nos dice que cualquier combinación lineal, por ejemplo la:

$$y = 3 u_1 - 2 u_2 = 3 \cos x - 2 \operatorname{sen} x$$

es también solución. ¿lo puede usted verificar?

Observamos que:

$$\frac{u_1}{u_2} = \frac{e^{r_1 x}}{e^{r_2 x}} = e^{(r_1 - r_2)x}$$

no es constante si $r_1 \neq r_2$.

Si fuese $r_1 = r_2$ el cociente de $\dfrac{u_1}{u_2}$ es un número (uno), y las soluciones particulares serán "las mismas":

$$u_1 = u_2 = e^{rx}$$

La solución general de la EDO 2 no puede ser la propuesta en [3.1], pues no puede ser

$$u_1(x) = k \ u_2(x) \ \text{con} \ k \ \in \mathbb{R}$$

ya que en realidad es la "misma solución" al ser linealmente dependiente, las soluciones deben ser linealmente independientes.

Hay que intentar buscar soluciones linealmente independientes, esto significa además, que para resolver ecuaciones diferenciales de segundo orden debemos en principio integrar dos veces, a fin de reducir la derivada segunda de la función solución (y''); por lo tanto es de esperar que la solución general requiera dos constantes arbitrarias (C_1 y C_2) de integración y dos soluciones distintas.

En consecuencia si existe una solución general (no nula) de la forma:

$$y(x) = C_1 u_1(x) + C_2 u_2(x)$$

donde $u_1(x)$ y $u_2(x)$ son "soluciones particulares", $y(x)$ es una combinación lineal de dos soluciones particulares u_1, y u_2, por lo tanto éstas no pueden ser funciones linealmente dependientes.

3.5. Funciones linealmente independientes

Definición 3.1

Sean funciones u_1 y u_2 son linealmente independiente en un intervalo I si $\forall \ x \in I$ se cumple que

$$a_1 u_1 + a_2 u_2 = 0 \qquad\qquad \Rightarrow a_1 = a_2 = 0$$

en caso contrario son dependientes.

Consecuencias

a.   Si son linealmente dependiente entonces su cociente es una constante.

Si no se cumple que es nula la expresión de arriba sólo si a_1 y a_2 son nulos entonces:

$$a_1 u_1 + a_2 u_2 \Rightarrow u_1 = -\frac{a_2}{a_1} \ u_2$$

$$\frac{u_1}{u_2} = -\frac{a_2}{a_1} = cte$$

b. Dos funciones no pueden ser linealmente independientes si una de ellas es nula.

c. Definiendo una función $W(x)$ con forma determinante (Wronskiano)

$$W(t) = \begin{vmatrix} u_1(x) & u_2(x) \\ u_1'(x) & u_2'(x) \end{vmatrix}$$

Este determinante se denomina "wronskiano" de las funciones derivables u_1 y u_2 en honor al matemático polaco J. Wronski (1778-1853).

Veremos que si

$$W(x) \neq 0 \quad \forall \ x \ \in \ I$$

entonces u_1 es linealmente independiente de u_2.

Condición: $\qquad\qquad\qquad a_1\, u_1 + a_2\, u_2 = 0$

Derivando: $\qquad\qquad\qquad a_1\, u'_1 + a_2\, u'_2 = 0$

Indeterminadas: a_1 y a_2, coeficientes: u_1, u_2, u'_1, u'_2 si el

$$\begin{vmatrix} u_1(x) & u_2(x) \\ u_1'(x) & u_2'(x) \end{vmatrix} \neq 0$$

determinante principal es NO NULO, el sistema posee una solución única que es la trivial:

$$a_1 = a_2 = 0$$

Por lo que se cumple la condición de linealidad independiente impuesta por la definición.

Su recíproco puede no cumplirse, pues hay funciones linealmente independientes en $x \in I$ cuyo $W(x) = 0$. O sea si el Wronskiano es distinto de cero, entonces son linealmente independientes, pero si es cero, nada se puede decir.

Conclusión

Si u_1 y u_2 son linealmente independientes y soluciones de la EDO 2, entonces tiene que ser el $W(x) \neq 0$

3.6. Soluciones de la EDO 2 homogénea según la ecuación característica

3.6.1. Caso 1

r_1 y r_2 son dos raíces reales distintas entonces

$$u_1(x) = e^{r_1 x}$$

$$u_2(x) = e^{r_2 x}$$

y el

$$W(x) \neq 0 \ (\text{Verificar})$$

luego la solución general es:

$$y(x) = C_1 \, e^{r_1 x} + C_2 \, e^{r_2 x}$$

3.6.2. Caso 2

$r_1 = r_2 = r$ raíz doble

En este caso

$$y = C_1 \, e^{rx} + C_2 \, e^{rx}$$

incluye una sola constante arbitraria pues

$$y = (C_1 + C_2) \, e^{rx} = C \, e^{rx}$$

no puede ser solución general de la EDO.

Si se intenta encontrar una solución más de la forma

$$u_2(x) = C_2 x e^{rx}$$

tomando $C_2 = 1$

la ensayamos en la ED.

$$u_2'(x) = e^{rx} + rxe^{rx} = e^{rx}(1 + rx)$$

$$u_2''(x) = re^{rx} + re^{rx} + r^2 xe^{rx} = e^{rx}(2r + r^2 x)$$

reemplazando en la ED

$$ay'' + by' + cy = 0$$

$$a(2re^{rx} + r^2 xe^{rx}) + b(e^{rx} + rxe^{rx}) + cxe^{rx} = 0$$

resolviendo los paréntesis y ordenando, al imponer la condición:

$$ar^2 x + brx + cx = 0$$

pues r es una raíz y sacando factor común x resulta la ecuación característica, entonces queda:

$$e^{rx}(2ar + b) = 0$$

siendo que r es una raíz "doble" resulta que

$$r = -\frac{b}{2a}$$

luego

$$2ar + b = 0$$

con lo que se cumple la ecuación diferencial al aplicarle esta solución, luego $u_2(x)$ si es una solución:

$$u_2(x) = x\,e^{rx}$$

y la solución general para la ED puede ser escrita como:

$$y(t) = C_1\,e^{rx} + x\,C_2\,e^{rx} = e^{rx}\,(C_1 + x\,C_2)$$

Se puede probar que el $W(x) \neq 0$ para las funciones u_1 y u_2.

3.6.3. Caso 3

$r_1 = \alpha + i\beta$ y $r_2 = \alpha - i\beta$ son raíces complejas conjugadas, con una solución general de la forma:

$$y(x) = C_1\,e^{(\alpha + i\beta)} + C_2 e^{(\alpha - i\beta)}$$

La expresión es real para todos los pares $\{C_1, C_2\}$ con C_1 y C_2 complejos, conjugados. Tendríamos la totalidad de las soluciones reales.

Como ahora nos interesan solamente las soluciones reales pueden ser generadas por las expresiones:

$$\left.\begin{array}{l} u_1 = e^{\alpha x}\,\mathrm{sen}\ \beta x \\ u_2 = e^{\alpha x}\,\cos\ \beta x \end{array}\right\} \Rightarrow y(x) = e^{\alpha x}(C_1\,\mathrm{sen}\,\beta x + C_2\,\cos\,\beta x)$$

¿Podría usted verificarlo, ensayando en la ecuación diferencial? Tómese su tiempo, es un buen Problema sobre derivación...

Nota:

Para probar esto podríamos también usar las "famosas" identidades de Euler, (demostrada mediante serie de funciones)

$$e^{ix} = \cos x + i\ \mathrm{sen}\ x$$

$$e^{-ix} = \cos x - i\ \mathrm{sen}\ x$$

ensayamos en la ecuación y:

$$C_1 e^{i\beta x} + C_2 e^{-i\beta x} = C_1(\cos\beta x + i\,\mathrm{sen}\,\beta x) + C_2(\cos\beta x - i\,\mathrm{sen}\,\beta x)$$

luego:

$$y = e^{\alpha x}[(C_1 + C_2)\cos \beta x + i(C_1 - C_2)\operatorname{sen} \beta x]$$

como $C_1 = C_2^*$ resulta que $C_1 + C_2$ es real puro, un número A digamos y $C_1 - C_2$ es imaginario puro, que al multiplicarse por i, recordando que $i^2 = -1$, es otro número real digamos B, luego, con $A, B \in \mathbb{R}$, se escribe:

$$y(x) = e^{\alpha x}(A \cos \beta x + B \operatorname{sen} \beta x)$$

como solución general de este caso.

Resumen

$\Delta > 0$	$u_1 = e^{r_1 x}$ $u_2 = e^{r_2 x}$	$r_1 = \dfrac{-b + \sqrt{\Delta}}{2a}$ $r_2 = \dfrac{-b - \sqrt{\Delta}}{2a}$
$\Delta = 0$	$u_1 = e^{r x}$ $u_2 = x e^{r x}$	$r = \dfrac{-b}{2a}$
$\Delta < 0$	$u_1 = e^{\alpha x} \cos \beta x$ $u_2 = e^{\alpha x} \operatorname{sen} \beta x$	$r_1 = \alpha + i\beta$ $r_2 = \alpha - i\beta$

3.7. Problemas

PROBLEMA 1

1   Resolver la EDO 2 homogénea

$$y'' - y' - 6y = 0$$

sujeta a las condiciones $x = 0$, $y = 3$ y cuando $x \to \infty$, $y \to 0$

2   Resolver la EDO 2

$$y'' + 6y' + 9y = 0$$

sujeta a las condiciones $y = 1$, $y' = 0$ para $x = 0$

3   Hallar la solución particular de la EDO 2

$$y'' - 2y' + 2y = 0$$

tal que $y = 1$, $y' = 3$ para $x = 0$.

SOLUCIÓN

1   La ecuación característica es:

$$r^2 - r - 6 = 0$$

Las raíces $r_1 = 3$ y $r_2 = -2$ con la ***solución general***

$$y = C_1 e^{3x} + C_2 e^{-2x}$$

Para la solución particular:

Si $x \to \infty$ $y \to 0$ luego $C_1 = 0$

Además si $x = 0$ debe ser $y = 3$ luego $3 = C_2$

Solución particular

$$y = 3e^{-2x}$$

> Nota:
>
> Este "tipo" de condiciones que se dan para puntos diferentes que x = 0 se denomina "condiciones de contorno" para distinguirlas de las condiciones iniciales.

2   La Ecuación Característica

$$r^2 + 6r + 9 = 0$$

posee raíz doble $r = -3$ con la ***solución general*** de

$$y = (C_1 + C_2^x)\, e^{-3x}$$

Para la solución particular, tomamos y

$$y' = C_2\, e^{-3x} - 3\, (C_1 + C_2)\, e^{-3x}$$

Aplicando las condiciones iniciales resulta

$$0 = C_2 - 3\,(C_1)$$

$$1 = C_1 \Rightarrow C_2 = 3$$

$$y = (1 + 3x)\, e^{-3x}$$

3   La Ecuación Característica $r^2 - 2r + 2 = 0$ con raíces

$$r_1 = 1 + i$$

$$r_2 = 1 - i$$

La solución general:

$$y = e^x \, (A \, \cos x + B \, \text{sen} \, x)$$

$$y' = e^x \, (-A \, \text{sen} \, x + B \, \cos x) + e^x \, (A \, \cos x + B \, \text{sen} \, x)$$

para $x = 0$ es

$$1 = A$$

$$3 = B + A \implies B = 2$$

Luego:

$$y = e^x (\cos x + 2 \, \text{sen} \, x)$$

$$y = e(\cos x + 2 \, \text{sen} \, x)$$

PROBLEMA 2

Mediante el cálculo del Wronskiano, verificar si el conjunto de funciones es linealmente independiente en el intervalo I:

a) $1, \, e^{-x}, \, 2e^{2x}$ en todo I

b) $Ln \, x, \, x \, Ln \, x$ en $]0, \infty[$

c) $x^{\frac{1}{2}}, \, x^{\frac{1}{3}}$ en $]0, \infty[$

PROBLEMA 3

Hallar la solución general de las siguientes ecuaciones:

a) $y'' + y' - 2y = 0$

b) $3y'' - 5y' + 2y = 0$

c) $y'' - 2y' = 0$

d) $2y'' - 2\sqrt{2} \, y' + y = 0$

e) $y'' - 2y' + 2y = 0$

PROBLEMA 4

Hallar la solución de:

$$y'' - 2\,y' + 26\,y = 0$$

cuya gráfica pase por el punto $(0,1)$ con pendiente 2

Apéndice

3.8. Ecuaciones Diferenciales de Segundo Orden a Coeficientes Constantes Completas

El tema que se desarrolla a continuación, es de resolución en dominio temporal (t o x).

Se hace este estudio para los alumnos que posean "curiosidad" y/o deseen completar sus conocimientos.

Posteriormente en las Unidades siguientes, veremos que se pueden resolver Ecuaciones Diferenciales completas por métodos Operacionales de Transformación (Laplace) que hacen los cálculos más simples.

3.9. EDO 2 Completa

Se quiere resolver la Ecuación Diferencial

$$a\,y'' + b\,y' + c\,y = g(x)$$

Definición

Si y es una solución particular de la ED Completa, además, y es la solución general, entonces su diferencia es solución de la ED homogénea.

Demostración

$$a\,y'' + b\,y' + c\,y = g(x)$$
$$a\,y_1'' + b\,y_1' + c\,y_1 = g(x)$$
$$a\,(y'' - y_1'') + b\,(y' - y_1') + c\,(y - y_1) = 0$$

Luego

$$y - y_1 = C_1 u_1(x) + C_2 u_2(x)$$

De esta relación surge que

$$y(x) = y_1(x) + C_1\,u_1(x) + C_2\,u_2(x)$$

Si $y(x)$ es la solución general, $y_1(x)$ una particular de la ecuación, surge que:

Definición

Dada una solución de la completa particular, cualquiera y_1, la solución, general de la completa vienen expresadas como

$$y(x) = y_1(x) + C_1 u_1(x) + C_2 u_2(x)$$

Otra forma de decir esto es, considerando la solución de la homogénea:

$$y(x) = y_h(x) + y_p(x)$$

en palabras:

Solución general = Solución homogénea + Solución particular

Propia - Excitación Nula   Forzada

En resumen

Para resolver la EDO 2 Completa, se busca primero la solución general de la homogénea asociada (entradas nulas) y luego se le suma una solución particular "cualquiera" de la ecuación completa.

El problema es hallar esta solución particular, para lo cual existen métodos como el de variación de parámetros, o factor integrante, se recomienda en caso de estar interesado en estos métodos leer a Rabuffetti en su texto Cálculo II.

3.10. Ecuaciones en diferencia, lineales

La teoría de ecuaciones en diferencia lineales (Eed lineales) es semejante a los EDO lineales. La principal diferencia es que los EDO son de tiempo continuo y los Edd son de tipo discreto.

Así como en tiempo continuo hablamos de funciones en tiempo discreto se habla de sucesiones o secuencias que son funciones cuyo dominio son los enteros.

Las sucesiones se pueden denotar como conjuntos o sea $\{x_k\}$ con $k \in \mathbb{N}$ o en forma extendida $k \in \mathbb{Z}$, otra forma es expresando la regla o fórmula por ejemplo:

$$x_k = \left(\frac{1}{2}\right)^k$$

que genera la secuencia

$$\{....2, 1, \frac{1}{2}, \frac{1}{4}, ...\}$$

y también a veces se usa una forma explícita o sea $\{0, 0, 1, 2, 5, 7, 8\}$ que se supone que es para

$$k = 0, 1, 2, 3, 4, 5, 6, 7$$

A veces cuando es extendida o explícita, se suele indicar el valor de $k = 0$ por ejemplo con el índice
↑

$$\{-4, 5, 7, 0, 3, -3, 6, 8\}$$
$$\uparrow$$

Recordemos además que la suma de sucesiones convergentes es otra sucesión convergente

$$y_k = x_k + z_k$$

También el producto de dos secuencias es otra secuencia

$$y_k = x_k.z_k$$

El producto de una constante α por una secuencia es otra secuencia

$$y_k = \alpha x_k$$

Como aparecen las ecuaciones de diferencia, veamos algunos ejemplos:

El ganado de un hacendado crece a partir del día $k = 0$ a un ritmo de crecimiento constante de $\alpha = 1,002$ veces el del día anterior, luego podemos decir que partiendo de 10 animales en $k = 0$ se tendrá:

$$x_{k+1} = \alpha \, x_k$$

$$x_0 = 10$$

$$x_1 = 1,002.10 = \alpha x_o$$

$$x_2 = 1,002.10.1,002 = \alpha^2 x_o$$

$$x_3 = \alpha^3 x_o$$

$$x_n = \alpha^n x_o$$

así al cabo de 360 días tendrá $x_{360} = \alpha^{360}.10$

3.11. Solución de Ecuaciones en diferencia.

A fin de ilustrar la solución consideremos la Eed simple de la forma

$$y_{k+1} - \alpha y_k = 1 \qquad\qquad k = 0, 1, 2, \ldots..$$

α es cte y la condición inicial es $y_0 = 1$

recursivamente se puede plantear

$$y_1 = \alpha + 1$$

$$y_2 = \alpha(\alpha+1)+1 = \alpha^2+\alpha+1$$

$$y_3 =$$

$$y_k = \alpha^k + \alpha^{k-1} + \ldots +1$$

Este tipo de solución secuenciada, propia solo de los Eed (no de los EDO) brinda una solución explícita nos interesa muchas veces una fórmula cerrada como solución, por ejemplo para este caso podemos poner:

$$y_k = \sum_{k=0}^{K} \alpha^m = \frac{1-\alpha^{k+1}}{1-\alpha} \text{ si } \alpha \neq 1$$

$$= k+1 \text{ si } \alpha = 1$$

Y esta es la expresión cerrada de y_k

En general, partiendo de un Eed de 2do orden (el orden queda determinado por el orden de retardo de la función)

Por ejemplo:

$$y_{k+2} - 5y_{k+1} + 6y_k = 0$$

Proponemos como solución $y_k = C_1 r^k$ y como hicimos en EDO reemplazamos:

$$C_1 r^{k+2} - 5C_1 r^{k+1} + 6C r^k = 0$$

$$C_1 r^k [r^2 - 5r + 6] = 0$$

Esta ecuación se cumple si

$$r^2 - 5r + 6 = 0$$

lo cual determina uno o dos valores posibles de r. Supongamos que sean dos valores distintos r_1 y r_2 entonces existe una solución $C_1 r_1^k$ y otra como $C_2 r_2^k$ y la solución general será la suma de ambas

$$y_k = C_1 r^k + C_2 r_2^k$$

en nuestro ejemplo las raices de la ecuación característica es $r_1 = 2$ y $r_2 = 3$ por lo tanto

$$y_k = C_1 2^k + C_2 3^k$$

Como vemos se homologa a las soluciones de las EDO donde las raíces de la ecuación característica daban la forma de solución

$$C_1 e^{r_1 t}$$

y

$$C_2 e^{r_2 t}$$

y la forma general era

$$y(t) = C_1 e^{r_1 t} + C_2 e^{r_2 t}$$

Así para el caso

$$y_{k+1} - \alpha y_k = C_1$$

Donde

$$y_k = \alpha^k + \alpha^{k-1} + \dots + 1$$

podemos proponer que se plantee la solución de la ecuación homogenea de la forma

$$u_{k+1} - \alpha u_k = 0$$

donde $r = \alpha = 0$ es la ecuación característica y $r = \alpha$. Su solución, luego las soluciones homogeneas son de la forma

$$u_k = C_1 \alpha^k$$

Siendo la solución general la suma de la solución de la homogénea o autónoma o sea excitación nula mas una solución particular cualquiera y que hay que descubrir la más de las veces o sea

$$y_k = y_{hk} + y_{pk} = u_k + y_{pk}$$

Se propone para este caso como solución particular a una constante $y_{pk} = C_2$ y se verifica $y_k = C_2 + C_1 \alpha^k$

$$C_2 + C_1 \alpha^{k+1} - \alpha \left[C_2 + C_1 \alpha^k \right] = 1$$

$$C_2 \left[1 - \alpha \right] + C_1 \alpha^{k+1} - C_1 \alpha^{k+1} = 1$$

$$C_2 \left[1 - \alpha \right] = 1 \Rightarrow C_2 = \frac{1}{1 - \alpha}$$

Si $\alpha \neq 1$ es posible determinar C_2 propuesta.

La solución general sería:

$$y_k = \frac{1}{1 - \alpha} + C_1 \alpha^k$$

Con las condiciones iniciales dadas $y(0) = 1$ resulta

$$y_0 = \frac{1}{1 - \alpha} + C_1 = 1 \Rightarrow C_1 = -\frac{1}{1 - \alpha} + 1$$

$$C_1 = -\frac{\alpha}{1 - \alpha}$$

Luego

$$y_k = \frac{1}{1 - \alpha} - \frac{\alpha^{k+1}}{1 - \alpha} = \frac{1 - \alpha^{k+1}}{1 - \alpha}$$

Evidentemente parece más laborioso que buscar la solución a través de la secuencia pero en realidad esto presenta un método sistemático y permite obtener soluciones cerradas.

Para Edd de 2do orden homogéneas (autónomas) las soluciones pueden resumirse como:

1)   Para cada raíz real simple r se asigna la función r^k si fuese de 2do orden

$$y_k = C_1 r_1^{\ k} + C_2 r_2^{\ k}$$

2)   Para cada raíz múltiple r de multiplicidad m se asignan funciones

$$r^k;\ kr^k;\ k^{m-1}r^k$$

Si fuese de 2do orden sería $r = r_1 = r_2$

$$y_k = (C_1 + C_2)r^k$$

3)   Para cada par de raíces complejas $a \pm jb$ se asignan las funciones $\xi^k \cos\phi k$; $\xi^k \operatorname{sen}\phi k$; donde

$$\xi = \sqrt{a^2 + b^2}\ \ y\ \ \phi = \operatorname{tg}^{-1}\frac{b}{a}$$

Por ejemplo para el 2do orden

$$y_k = \xi^k[C_1\cos\phi k + C_2\operatorname{sen}\phi k]$$

4

Ecuaciones en diferencia (Eed)

4.1 Introducción.

Las ecuaciones en diferencia lineales poseen una semejanza con la EDO. De hecho las EDO expresan relaciones de entradas y salidas de SLIT en tiempo continuo, y la Eed las relaciones en tiempo discreto.

Para la variable tiempo discreto se suele adoptarse la letra n o k y es un entero, o un natural o a veces un natural y el cero, de todas formas siempre es discreta y representa al tiempo, así como la letra t en el caso continuo.

Veamos como surge la necesidad de estas ecuaciones con un ejemplo simple:

Un criadero de conejos sabe que cada pareja tiene 12 crías al mes, o sea incrementa los conejos en 6 por 1.

Se desea conocer el número de conejos al fin del año (12 meses)

El planteo de solución es partiendo de supongamos dos conejos así:

$$x(0) = 2$$

$$x(1) = x(0) + 6.x(0) = 7x(0) = 2+6.2=14$$

$$x(2) = x(1)+6.x(1)=7x(1) = 7^2 x(0) = 14+12=26$$

$$x(3)=x(2)+6x(2)=7x(2)=7^3 x(0)= 686$$

$$\vdots$$

$$x(n+1)=7^n x(0)$$

$$x(12)=7^{11} x(0)= 3.954.653.486$$

A fin de estudiar comparaciones veamos una EDO de primer orden homogénea y una Eed de primer orden, homogénea también.

Sea

$$y'+ay = 0 \qquad y(0) = 1$$

$$\frac{dy}{dt} = -ay \qquad \frac{dy}{y} = -at \qquad Lny = -at \quad solucion\ general\ y = Ce^{-at}$$

$$Solucion\ particular\ y = e^{-at}$$

Sea

$$y(n+1) + ay(n) = 0 \qquad y(0) = 1$$
$$y(1) = -ay(0) = -a$$
$$y(2) = -ay(1) = a^2$$
$$y(n) = (-1)^n a^n$$

La "forma" de solución es tal que la ecuación característica de ambas ecuaciones diferencial y en diferencia poseen digamos la raíz r, entonces en la EDO la solución es de la forma e^{rt} y en la Eed de la forma r^n

4.2. Diferencia

Se denomina primer diferencia a

$$\Delta x(n) = x(n+1) - x(n)$$

Esta diferencia que puede ser aplicando el operador Δ posee propiedades interesantes.

1. La diferencia de una constante por la función es la constante por la diferencia de la función:

$$\Delta\{ax(n)\} = a\Delta\{x(n)]\}$$

2. La diferencia de la suma de funciones es la suma de las diferencias

$$\Delta\{u(n)+v(n)\} = \Delta\{u(n)\} + \Delta\{v(n)\}$$

4.3. Suma

Si dos funciones $U(n)$ y $u(n)$ satisfacen que $\Delta U(n) = u(n)$, entonces $u(n)$ se denomina diferencia de $U(n)$ y recíprocamente $U(n)$ es suma de $u(n)$.

$u(n)$ es una solución de la ecuación $\Delta U(n) = u(n)$, o ampliando $U(n+1) - U(n) = u(n)$.

Se denota con:

$$\Delta^{-1} u(n) = U(n) + C$$

C es una constante, pues la inversa de la diferencia no es una biyección ya que $U(n)$ puede tomar valores dentro de la familia de $U(n) + C$ y cumplir con la ecuación.

Se denominan a Δ y Δ^{-1} operadoras en el sentido que se pueden "aplicar" :

$$\Delta^{-1}(\Delta U(n)) = \Delta^{-1}\Delta U(n) = U(n) + C$$

en sentido amplio, Δ^{-1} y Δ son operaciones inversas, equivalente a derivar e integrar.

4.4. Corrimientos

Se suele indicar los corrimientos de las funciones con operadores desplazamiento, como:

$$S[x(n)]=x(n+1) \quad \text{adelanto}$$

$$D[x(n)]=x(n-1) \quad \text{atraso}$$

Se puede generalizar a corrimientos mayores que uno:

$$x(n+3)=S^3[x(n)]$$

De esta forma la ecuación característica de una Eed puede expresarse como polinomio:

Por ejemplo:

$$x(n+2)+5x(n+1)-6x(n)=r(n)$$

$$(S^2+5S-6)x(n)=r(n)$$

EJEMPLO 1

Sea:

$$x(n+1)-ax(n)=b \quad a\neq 1$$

Buscamos la solución de la ecuación homogénea:

$$u(n+1)-au(n)=0$$

esto significa:

$$u(1)=au(0)$$

$$u(2)=au(1)=a^2u(0)$$

$$u(3)=a^3u(0)$$

$$\vdots$$

$$u(n)=a^nu(0)$$

La solución posee la forma de $u(n)=C.a^n$ y verificamos si puede ser para cualquier numero C ensayando esta solución en la ecuación: $Ca^{n+1}-aCa^n=0$ para todo C, luego es solución general de la homogénea.

Ahora, expresado como primer diferencia es:

$$u(n+1)-u(n)=(a-1)u(n) \text{ o} \qquad \Delta u(n)=(a-1)u(n); \qquad u(n)=(a-1)\,\Delta^{-1}\{u(n)\}$$

luego

$$\Delta^{-1}\{u(n)\} = \frac{u(n)}{1-a}$$

Adoptando para $u(n)=a^n$ que es solución se puede poner:

$$\Delta^{-1}\{a^n\} = \frac{a^n}{1-a} \qquad\qquad [1]$$

La constante C la consideramos uno para no arrastrarla inútilmente, el lector puede darse cuenta que si la considera se traslada al resultado sin afectar este concepto.

La ecuación que queremos resolver es: $x(n+1)-ax(n)=b$, si aplicamos el símil del método de los coeficientes indeterminados se propone que $x(n)=u(n).v(n)$ donde $v(n)$ es una función a determinar.

$$x(n+1)=u(n+1)v(n+1)$$

reemplazando:

$$u(n+1)v(n+1)-au(n)v(n)=b$$

Si

$$v(n+1)-v(n)= \Delta v(n), \qquad\qquad u(n+1) \Delta v(n)+u(n+1)v(n)-au(n)v(n)=b$$

conduce a

$$\Delta v(n)u(n+1)=b$$

pues $u(n)$ es solución de la homogénea.

$$v(n)= \Delta^{-1}\{\frac{b}{u(n+1)}\} = \Delta^{-1}\{\frac{b}{a^{n+1}}\} = \frac{b}{a}\Delta^{-1}\{\frac{1}{a^n}\}$$

Por lo visto en [1] resulta:

$$v(n) = \frac{b}{a} \cdot \frac{\dfrac{1}{a^n}}{\dfrac{1}{a}-1} + C$$

$$x(n)=u(n).v(n) = C.a^n + \frac{b}{1-a}$$

solución general de la EED.

Este método es sistemático pero muchas veces extensos, el utilizar el factor integrante puede ser mucho más rápido para resolver las EED.

$$x(n) = \underbrace{u(n)}_{solucion \ homogenea} + \underbrace{p(n)}_{solucion \ particular}$$

Como solución homogénea se obtiene $u(n)=Ca^n$ y como solución particular $x(n)=u(n)+K$ proponemos solución particular a una constante K por ser b una constante, reemplazando:

$$Ca^{n+1}+K-aCa^n-aK=b$$

esto es

$$K(1-a)=b$$

luego

$$K = \frac{b}{1-a}$$

y se obtiene la solución El problema es encontrar la solución particular, para esto existen propuestas estándar, tanto para EDO como para Eed, siendo "semejantes".

4.5. Método de la suma parcial

Sea:

$$u(n)\Delta v(n)=u(n)[v(n+1)-v(n)=u(n)v(n+1)-u(n)v(n)$$

como

$$\Delta\{u(n)v(n)\}=u(n+1)v(n+1)-u(n)v(n)$$

siendo

$$u(n+1)= \Delta u(n)+u(n)$$

resulta

$$u(n)\ \Delta v(n)= \Delta u(n)v(n+1)+u(n)v(n+1)-u(n)v(n)$$

$$=\Delta u(n)v(n+1)+u(n)\ \Delta v(n)$$

Se puede decir que:

$$u(n)\ \Delta v(n)= \Delta\{u(n)v(n)- \Delta u(n)v(n+1)$$

$$\Delta^{-1}\{u(n)\ \Delta v(n)\}= \Delta^{-1}\Delta\{u(n)v(n)\}- \Delta^{-1}\{v(n+1)\ \Delta u(n)\}$$

$$\Delta^{-1}\{u(n)\ \Delta v(n)\}= u(n)v(n)- \Delta^{-1}\{v(n+1)\ \Delta u(n)\} \qquad [2]$$

Esta última expresión equivalente a la integral por partes es la que puede usarse para resolver Eed.

Por ejemplo

$$x(n+1)-ax(n)=r(n)$$

La ecuación homogénea es $u(n+1)-au(n)=0$ y posee solución $u(n)=Ca^n$, si

$$x(n)=u(n).v(n) = Ca^nv(n)$$

reemplazando

$$Ca^{n+1}.v(n+1)-aCa^nv(n)=r(n)$$

$$Ca^{n+1}\,\Delta v(n)=r(n) \qquad \Delta v(n) = \frac{r(n)}{a^{n+1}}$$

$$v(n) = \Delta^{-1}\{\frac{r(n)}{a^{n+1}}\} + K$$

a la constante K la podemos tomar dentro de la constante C

$$x(n)=u(n).v(n)= Ca^n + a^n\Delta^{-1}\{\frac{r(n)}{a^{n+1}}\}$$

Para el cálculo de

$$v(n) = \Delta^{-1}\{\frac{r(n)}{a^{n+1}}\} + K$$

es que se recurre a la propiedad [2] el lector puede aplicarla para obtener un modelo de solución.

Sin duda el factor integrante es la mejor manera de resolver estas Eed, el inconveniente es encontrar una solución particular, que depende de la $r(n)$ por ello se dan algunas pautas que son usadas para las Eed simples y quizá más frecuentes:

Tabla de soluciones particulares propuestas según sea la excitación o entrada

Entrada $r(n)$	Solución particular $x_p(n)$
n^p	$c_pn^p+c_{p-1}n^{p-1}+...+c_1n+c_o$
a^n	$C.a^n$
$n^p.a^n$	$a^n[c_pn^p+c_{p-1}n^{p-1}+...+c_1n+c_o]$

Así por ejemplo:

$$x(n+1)-3x(n)=2n-5$$

Proponemos como solución particular a c_1n+c_2

A la solución homogénea la calculamos como hemos visto y $u(n)=C3^n$.

Luego la solución propuesta es

$$x(n)=C3^n+c_1n+c_2$$

reemplazando en $x(n+1)-3x(n)=2n-5$

$$C3^{n+1}+c_1(n+1)+c_2 -3[C3^n+c_1n+c_2]=2n-5$$

lo que conduce a:

$$-2c_1n-2c_2+c_1=2n-5$$

Dando valores a n resulta:

$$c_1=-1 \quad c_2=2$$

Luego la solución es

$$x(n)=C3^n-n+2$$

Otro ejemplo

$$x(n+1)-3x(n)=2^n$$

Se propone:

$$x(n)=C3^n +c_1a^n$$

reemplazando:

$$c_1a^n(a-3)=2^n \quad \text{luego } a=2 \ \text{y } c_1=-1$$

La solución general es:

$$x(n)=C3^n-2^n$$

4.6. Ecuaciones en diferencia de orden superior

Repitamos el caso de los conejos, pero ahora se supone que nacen cada dos meses o sea las crías son a partir del segundo mes.

Esto conduce a una Eed de la forma:

$$x(n)=x(n-1)+6x(n-2)$$

y puesto que es cada dos meses esta ecuación es válida para $n>1$, así si se asigna inicial $x(0)=2$, será $x(1) = 2$

Entonces:

$$x(2)=x(1)+6x(0) = 14$$

$$x(3)=x(2)+6x(1)=26$$

$$\vdots$$

La Eed puede ser escrita como:

$$x(n)-x(n-1)-6x(n-2)=0 \quad n=2,3,4...$$

o especulando matemáticamente:

$$x(n+2)-x(n+1)-6x(n)=0 \ \ n=0,1,2...$$

Surge ahora la necesidad de definir la diferencia segunda o sea:

$$\Delta x(n) = x(n+1)\text{-}x(n)$$

$$\Delta^2 x(n)= \Delta x(n+1)\text{-} \Delta x(n)$$

reemplazando resulta:

$$\Delta^2 x(n)=x(n+2)\text{-}2x(n+1)+x(n)$$

Así la Eed dada se puede expresar como:

$$\Delta^2 x(n) + \Delta x(n) - 6x(n) = 0$$

y resolverse con técnicas de doble diferencia que si bien son un tanto extensas constituye un método sistemático de resolución. Nosotros instalamos la inquietud pero lo resolvemos como factor integrante o sea buscando una solución particular. Es además en los casos lineales posible utilizar técnicas de transformaciones operacionales que simplifican notablemente estas resoluciones.

4.7. Solución de la Eed de segundo orden homogénea a coeficientes constantes

Sea la Eed de la forma:

$$x(n+2)+ax(n+1)+b(x(n)=0$$

se propone como solución a $u_1(n)=C_1 r^n$

y vemos si cumple:

$$C_1\{r^{n+2}+ar^{n+1}+br^n\}=0$$

$$C_1 r^n[r^2+ar+b]=0$$

la ecuación característica es entonces $r^2+ar+b=0$ y si C_1 no es nulo, la forma de cumplir la ecuación en diferencia es satisfaciendo la ecuación característica, surgen las raíces r_1 y r_2 que pueden ser.

Caso I

Si r_1 y r_2 son reales distintas, en este caso la solución general propuesta es de la forma:

$$x(n)=C_1 r_1^n+C_2 r_2^n$$

con C_1 y C_2 constantes, para verificar esta propuesta veremos si cumple con la Eed dada, reemplazando

$$C_1 r_1^{n+2}+ C_2 r_2^{n+2}+a\,C_1 r_1^{n+1}+a\,C_2 r_2^{n+1}+b\,C_1 r_1^n+ bC_2 r_2^n=0$$

acomodando:

$$C_1 r_1^{n+2}+ a\,C_1 r_1^{n+1}+ b\,C_1 r_1^n+ C_2 r_2^{n+2} +a\,C_2 r_2^{n+1} +bC_2 r_2^n=0$$

Como r_1 y r_2 son raíces de la ecuación característica, se cumple.

Caso II

Si $r_1=r_2=r$ se trata de dos raíces reales iguales entonces la solución propuesta es de la forma:

$$x(n) = [C_1+nC_2]r^n$$

para verificar esta propuesta veremos si cumple con la Eed dada:

$$[C_1+C_2(n+2)]r^{n+2} +[aC_1+aC_2(n+1)]r^{n+1}+ b[C_1+C_2n]r^n=0$$

acomodando

$$C_2(n+2)r^2+aC_2(n+1)r+bC_2n=0$$

surge:

$$n(r^2+ar+b)+2r^2+ar=0 \tag{3}$$

siendo r solución de la ecuación característica anula lo que esta en paréntesis, además como es raíz doble resulta:

$$r = -\frac{a}{2} \pm \frac{\sqrt{a^2-4b}}{2} = -\frac{a}{2}$$

lo cual anula la expresión [3] y satisface la ecuación

Caso III

Si las raíces son complejas conjugadas, estamos en el Caso I pero se pueden acomodar para no trabajar con números complejos de la siguiente forma, si

$$r_1 = \alpha + j\beta \qquad r_2 = \alpha - j\beta \qquad \rho = \sqrt{\alpha^2 + \beta^2}$$

$$\theta = \text{arctg}\frac{\beta}{\alpha}$$

$$x(n) = \rho^n \left[K_1 \cos\theta_n + K_2 \,\text{sen}\,\theta_n \right]$$

EJEMPLO 1

$$x(n+2)-4x(n+1)+4x(n)=0 \quad x(0)=1 \; ; \; x(1)=4$$

Ecuación característica:

$$r^2-4r+4=0 \qquad\qquad r_1=r_2=2$$

luego

$$x(n)=(C_1+C_2n)2^n$$

solución general

$$x(0)=C_1=1$$

$$x(1)=(C_1+C_2)2=4 \quad ; \quad C_2=1$$

$$x(n)=(1+n)2^n$$

solución particular

EJEMPLO 2

$$x(n+2)+2x(n+1)+4x(n)=0 \qquad x(0)=2 \qquad x(1)=-2(1+\sqrt{3})$$

$$r^2+2r+4=0$$

$$r_1=-1+j\sqrt{3} \qquad\qquad r_2=-1-j\sqrt{3}$$

$$\rho=\sqrt{1+3}=2$$

$$\theta=\mathrm{tg}^{-1}\sqrt{3}=60°$$

solución general

$$x(n)=2^n\left[K_1\cos 60°n+K_2\operatorname{sen}60°n\right]$$

la particular

$$x(0)=2=K_1$$

$$x(1)=-2\left(1+\sqrt{3}\right)=2\left[K_1\cos 60°+K_2\operatorname{sen}60°\right]$$

$$-\left(1+\sqrt{3}\right)=2\cos 60°+K_2\operatorname{sen}60°$$

$$\cos 60°=\frac{1}{2} \qquad\qquad \operatorname{sen}60°=\frac{\sqrt{3}}{2}$$

luego

$$-1-\sqrt{3}=1+K_2\frac{\sqrt{3}}{2} \qquad\Rightarrow\qquad K_2=-\frac{2}{\sqrt{3}}\left(2+\sqrt{3}\right)$$

dando la solución requerida

4.8. Problemas

Resolver

a) $x(n+2)-5x(n+1)+6x(n)=0$ $x(0)=x(1)=1$

b) $x(n+2)+6x(n+1)+9x(n)=0$

c) $x(n+2)+x(n)=0$ $x(0)=a$; $x(1)=b$

5

Sistemas. Su Clasificación

5.1. Introducción

Esta unidad muestra una clasificación de sistemas según el "criterio de modelización matemática", no excluye otras clasificaciones más o menos amplias.

Esta caracterización de sistemas posee la finalidad de indicar "cuáles" son los sistemas posibles de modelar especialmente por medio de Ecuaciones Diferenciales Ordinarias (EDO's).

La resolución de las EDO's se realiza con relativa facilidad usando las transformadas de Laplace, las cuales en esta unidad se definen técnicamente sin entrar en fundamentaciones rigurosas que si usted está interesado tiene que buscar en el análisis de funciones de variables complejas, consultando la bibliografía. Se trata también de aplicar esta transformada mediante la función de transferencia, pilar del modelado clásico de sistemas en particular los llamados externos.

Ayudado por los gráficos de fluencia o de flujo se pueden vincular modelos, obtener la función de transferencia, utilizando la formula de Mason, herramienta muy útil para los métodos computacionales.

Generales

1   La necesidad de poder predecir el comportamiento de los sistemas, y estudiar su característica a través de su respuesta a diversas entradas o perturbaciones hace que cada vez más se utilicen modelos matemáticos.

   La aparición de las computadoras, traen aparejadas las técnicas de simulación, sea el modelar un sistema con parámetros ficticios y tiempo ficticio, pero que de alguna manera correspondan al real, pudiendo ensayar procesos sin que afecten el lugar donde están insertos. Además, realizar evaluaciones de situaciones que pueden durar años o segundos en un tiempo ajustado a la observación del operador.

2   La relación entre entrada y salida, no siempre es fácil de conocer, muchas veces se tienen parámetros físicos y las leyes que los vinculan, que se pueden relacionar en un modelo entrada-salida con ecuaciones, generalmente diferenciales.

   Otras veces, se posee sólo una curva de respuesta a entradas conocidas, ya que el sistema, o no existe concretamente, como puede ser un sistema financiero en funcionamiento u otro sistema o si bien existe no se pueden medir sus variables ni parámetros.

   Ensayando el sistema con entradas conocidas, se puede llegar a una salida y de ésta estimar un modelo matemático que lo caracterice al sistema y sea útil para su estudio de comportamiento a cualquier entrada o perturbación.

3   Un sistema de tiempo continuo, si es excitado por $x(t)$ nos responde con $y(t)$, ambas funciones continuas.

$$x(t) \rightarrow y(t)$$

Como un ejemplo, cuando se desea medir el flujo de fluido por una cañería, se puede producir un estrangulamiento, la diferencia de presiones antes y después de este estrangulamiento es proporcional al caudal. Entra el caudal, sale la diferencia de presiones.

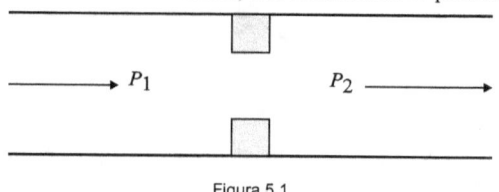

Figura 5.1

$$q \ [m^3/seg] = k \ \sqrt{P_1 - P_2}$$

$k \in \mathbb{R}$ parámetro que depende de la estrangulación

Si a $P_1 - P_2 = \Delta P$ lo denominamos $x(t)$ y a q como $y(t)$, la relación es

$$y(t) = k\sqrt{x(t)}$$

es continua y a cada entrada $x(t)$ le corresponde como salida, su raíz cuadrada, multiplicada por k.

4   Un sistema discreto lo podemos interpretar, por ejemplo, al tomar el nivel de agua en un tanque a medida que el líquido sube, va cerrando contactos, generando señales de "muestra" del nivel que son discretas.

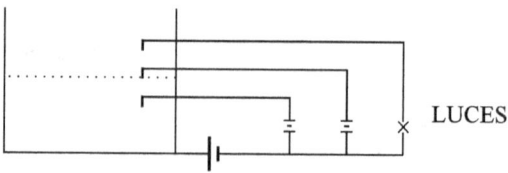

Figura 5.2

5   En esta asignatura trabajaremos con sistemas, donde se pueden conocer las salidas si se conocen las características del sistema y las entradas.

El sistema masa-resorte-amortiguador por ejemplo es determinístico y permite modelado matemático con estimaciones de respuestas muy próximas a la realidad.

6   Si a una resistencia se le aplica una tensión v inmediatamente circula una corriente i, si se conecta v, la corriente cesa instantáneamente:

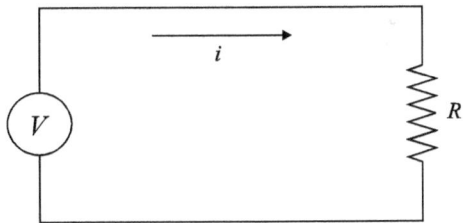

Figura 5.3

$$i = \frac{1}{R}\, v$$

Este es particularmente un sistema de memoria nula, pues no registra ni conserva el estado anterior.

Si se hubiese conectado un capacitor, intuimos que al desconectarlo ya se habría "cargado" con algo de tensión, lo que determina un estado previo para realizar una nueva experiencia, sería un sistema con memoria.

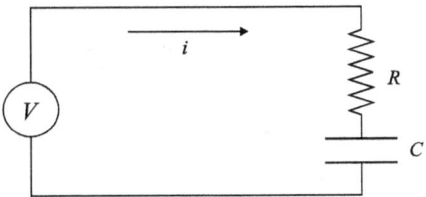

Figura 5.4

5.2. Sistemas

Existen trabajos muy amplios que procuran encontrar conceptos sobre sistemas que ayuden a su interpretación, de una manera matemática, consistente y rigurosa.

En relación al sistema representado como caja negra la información es una señal, dependiente del tiempo (además de otras posibles cualidades) y en una primera presentación, denominamos $x(t)$ a la "entrada" o excitación, y como $y(t)$ la "salida" o respuesta:

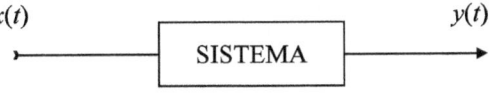

Figura 5.5

Se puede graficar, en un sistema cartesiano

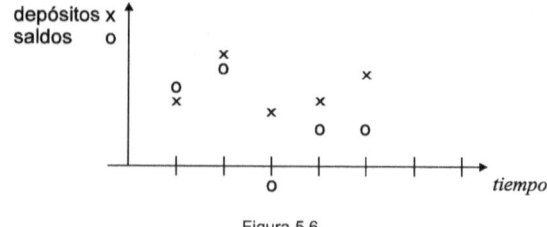

Figura 5.6

Como prácticamente "todo" puede ser encarado como un sistema, los ejemplos pueden sucederse hasta quedar realmente exhaustos.

5.3. Clasificación de los Sistemas

5.3.1. Sistemas Continuos

En él las señales y procesos son representados por funciones continuas de variables continuas, funciones real valuadas de la variable t (tiempo en general).

Ejemplo 5.1.

La temperatura de una habitación es mantenida por una estufa a gas, si se aumenta la llama, la temperatura crece, toda la variación de temperatura responde a la variación de una función continua de variable (temperatura) continua de variable continua.

Si graficáramos la función "temperatura de la habitación" en relación al tiempo veríamos:

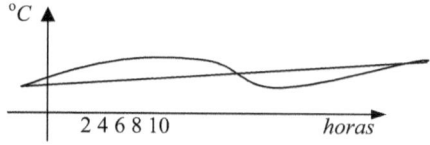

Figura 5.7

¿Puede usted escribir otro sistema de tiempo continuo?

Adjunte con su actividad, dos sistemas de tiempo continuo explicando el comportamiento, de la variable dependiente.

5.3.2. Sistemas Discretos

Las señales están definidas en instantes de tiempo particulares, igualmente espaciados. En este caso la función que los caracteriza es una función continua de variable discreta, o discontinua, en Análisis las estudiamos como secuencias o sucesiones.

Existen sistemas naturalmente discretos y los discretizables; el computador digital por ejemplo es, naturalmente discreto.

Muchas señales continuas son discretizadas para tratarlas rápida y eficientemente por las máquinas.

Así, si tomamos el nivel del Lago San Roque, cada 15 minutos, el nivel varía continuamente (es una función continua) pero las muestras cada 15 minutos conforman una sucesión de valores a tiempo discreto.

Si las graficamos sería:

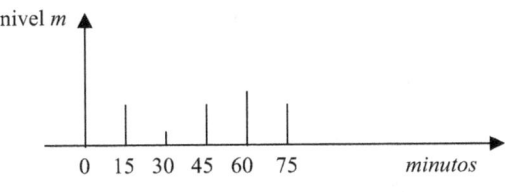

Figura 5.8

5.3.3. Sistemas invariantes en el tiempo, estacionarios o fijos

Cualquier traslación en el tiempo de las entradas para cualquier tiempo, produce una idéntica traslación en las salidas manteniendo las mismas formas de salidas. Es entonces irrelevante el momento de aplicar las entradas. Estos sistemas no mudan de opinión con el tiempo y, bajo las mismas condiciones, la repetición de una entrada produce siempre la misma salida.

5.3.4. Sistemas Lineales

Un sistema lineal es aquél que satisface los principios de *aditividad* y de *homogeneidad*.

Aditividad

La simple suma de entradas produce la simple suma de salidas, si

$$x_1(t) \rightarrow y_1(t)$$

$$x_2(t) \rightarrow y_2(t)$$

Entonces, para todo valor de t se cumple que:

$$x_1(t) + x_2(t) \rightarrow y_1(t) + y_2(t)$$

Homogeneidad

Al aumentar o disminuir la amplitud de la entrada, aumenta o disminuye la salida en la misma proporción:

$$x_1(t) \rightarrow y_1(t)$$

$$\alpha\, x_1(t) \rightarrow \alpha\, y_1(t) \ \text{ para } \ \alpha \in \mathbb{R}$$

Estas dos propiedades suelen condensarse en una única diciendo que un sistema es lineal si:

$$\alpha\, x_1(t) + \beta\, x_2(t) \rightarrow \alpha\, y_1(t) + \beta\, y_2(t)$$

El sistema lineal posee la propiedad de que a una entrada nula le corresponde salida nula, así si el sistema está representado por la función lineal:

$$y(t) = 2\, x(t) + 3$$

no cumple con las exigencias de "sistema lineal". En este particular caso escrito, se lo denomina incrementalmente lineal.

Si $y(t) = 5\,x(t)$ es lineal

Si $y(t) = 2\,x(t) + x^2(t)$ no es lineal

Ejemplo 5.2.

La fuerza aplicada a un resorte es proporcional a su estiramiento (Ley de Hooke)

$$F = ky$$

Si F es la entrada e y la salida

$$y = \frac{F}{k}$$

Si entra la fuerza F_1 sale

$$y_1 = F_1 / k$$

Si entra la fuerza F_2 sale

$$y_2 = F_2 / k$$

Si entra $F_1 + F_2$, sale

$$y_1 + y_2 = \frac{F_1 + F_2}{k}$$

Si entra $\alpha\,F_1$, sale

$$y = \frac{\alpha\,F}{k} = \alpha\,y_1$$

Luego, es un *sistema lineal*.

5.3.5. Sistemas Causales

Un sistema es causal si su salida para cualquier tiempo t depende "sólo" de valores de la entrada del presente y pasado en relación a t. Es no anticipativo.

Ejemplo 5.3.

El movimiento de un automóvil es causal, no hay anticipación futura de la acción que va a realizar.

Los sistemas descriptos por relaciones entradas-salidas como por ejemplo el descripto por:

$$y(t) = x(t+1)$$ para $t > 0$

La salida depende de una entrada futura y el sistema no es causal.

5.3.6. Sistema con memoria

Si $y(t) = x(t - 1)$ la salida depende del valor anterior a t de la entrada, de alguna manera se almacenó este valor y afecta a la salida.

5.3.7. Sistemas No Lineales

El concepto de sistema no lineal surge como opuesto al lineal, son los que no cumplen con las condiciones de aditividad y/o homogeneidad. Al ser una definición por negación, genera una vasta clase de sistemas.

5.3.8. Sistemas Estables

Un sistema es estable si al ser excitado con una entrada acotada, la salida en también acotada. En Control Avanzado se definen como sistemas estables con más precisión, como estabilidad según Liapunov, estabilidad dinámica.

En un sentido amplio, matemático:

$$\text{si } |x(t)| < K \ \text{ con } \ K \in \mathbb{R}$$

entonces si:

$$|x(t)| < M \ \text{ con } \ M \in \mathbb{R} \ \text{ es estable}$$

5.4. Modelado Matemático de Sistemas Lineales Invariantes en el Tiempo.

5.4.1. Antecedentes

Cuando observamos un "sistema" podemos apreciar la entrada (de control), la salida (objeto), distinguiéndolas de las señales de perturbación, realimentación, u otras.

Del proceso, intuimos un comportamiento. Esto es importante, surge de asociaciones, informaciones, conocimientos adquiridos que nos definen como puede comportarse ante tal o cual entrada.

Lo que sí podemos comprender es que cada sistema, cada estado del sistema, responde, en general, distinto para la misma excitación de entrada.

Sin perdernos en detalles, mediciones y/o cálculos de variables y/o parámetros del sistema, podríamos conocer más de éste si observamos la salida a una entrada conocida. A la misma entrada las salidas establecen una diferenciación de comportamiento de los sistemas, o de sus estados.

Sea una entrada conocida $x(t)$, la ensayamos en los sistemas y su salida $y(t)$ nos da la información propia de cada proceso, así pues, según su salida podrían compararse y ajustarse los sistemas.

¿Qué entrada conocida, que sea universal, trabajada por mucha gente, que exista experiencia registrada mediante tablas y escritos, puede utilizarse para constatar y comparar las salidas de los procesos?

Se podría proponer, un escalón

$$u(t) = 1(t) = \begin{cases} 1 & t > 0 \\ 0 & t < 0 \end{cases}$$

graficando

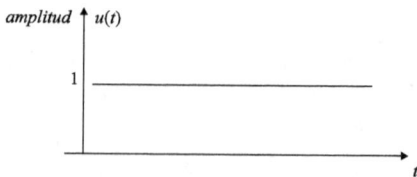

Figura 5.9

o una rampa de la forma $tu(t)$

$$t\,u(t) = \begin{cases} 1 & t > 0 \\ 0 & t < 0 \end{cases}$$

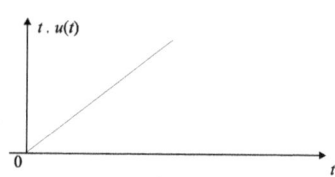

Figura 5.10

o una rama parabólica de la forma $t^2u(t)$

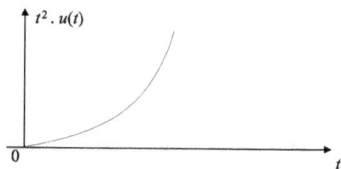

Figura 5.11

o, quizá, una función senoidal de la forma $u(t).\mathrm{sen}\,\omega t$ ó $u(t).\cos\omega t$

En realidad "todas" son usadas en diversos análisis de sistemas.

Una de las entradas que se normalizaron para ensayar las salidas de procesos, y permitieron definir una serie de parámetros de los sistemas, es el "impulso" que equivale a darle un golpe, (un punta-pié), si la graficáramos:

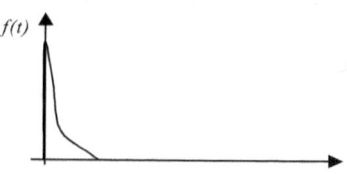

Figura 5.12

Este golpe, aunque sea un proyectil, poseerá un cierto crecimiento, llega a un máximo y luego decae, en forma exponencial.

Matemáticamente, esta entrada impulsiva real sería sin duda, una suma de exponenciales decaladas en el tiempo, algo complejo sin dejar de ser útil.

Si el sistema en estudio posee cierta inercia de respuesta, digamos un tanque con agua de unos 200 litros que se esté llenando con un grifo común (de ½") y de pronto, abrimos y cerramos el grifo, estamos dando un impulso, que no es instantáneo por cierto, (duró su ½ segundo), pero a los efectos del tanque fue "instantáneo", la idea de instante, en sistemas, aparece en relación a que proceso se trata y sus constantes de tiempo.

Esta apertura y cierre para el tanque es equivalente a un golpe de agua, un impulso, de duración extremadamente breve.

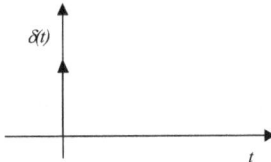

Figura 5.13

A pesar de no ser físicamente tan "visible", una señal de este tipo resulta útil. Así que se adoptó como una entrada standard para estudiar sistemas y se la denomina *señal ponderomotriz*, o también *función singular Impulso*.

5.5. Función Singular Impulso

Indicada por la letra griega *delta*, a la función singular $\delta(t)$, también *función impulso*, o *delta de Dirac* se la define como:

> $\delta(t)$ es tal que su integral
>
> $$\int_{-\infty}^{\infty} \delta(t)\, dt = 1$$
>
> y es tal que $\delta(t) = 0$ para $t \neq 0$

No es una relación funcional en sentido estricto, además es una abstracción matemática; "cómo puede ser si existe sólo en $t=0$ que encierre con el eje de las t un área unitaria" un punto no sombrea, no se puede hablar por lo tanto de área de una recta vertical.

Esta abstracción es muy interesante, se considera que en realidad se trata de un pulso muy pero, muy breve, de amplitud muy grande, obviamente, no es realizable físicamente.

Sería posible de realizar quizás, un pulso rectangular de duración digamos T y amplitud $1/T$, lo podemos denominar $\delta_T(t)$ y graficar como:

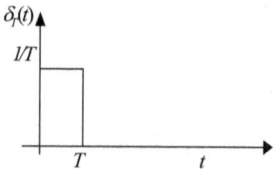

Figura 5.14

digamos que $\delta_T(t)$ cumple la condición:

$$\int_{-\infty}^{\infty} \delta_T(t)\, dt = 1$$

y además $\delta_T(t) = 0$ para todo $t \in [0,T]$

Es de suponer, que cuando se tome el límite para $T \to 0$ la función $\delta_T(t) \to \delta(t)$ claro está, cuando aparece la "idea" de límite es que no es realizable en la práctica.

Así si $T' = \dfrac{T}{2}$ resulta

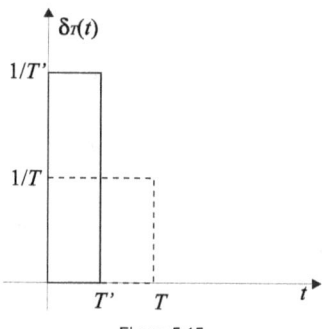

Figura 5.15

Vemos que si T→0 tiende a un pulso rectangular de área unitaria de altura que tiende a infinito y duración que tiende a cero, luego es $\delta(+)$ en una de las muchas interpretaciones físicas.

A la función impulso $\delta(t)$ se la puede desplazar en el tiempo sea:

$$\delta_{(t-t_0)}$$

como se ve en la figura

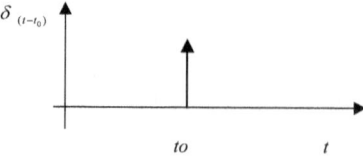

Figura 5. 16

A $\delta(+)$ se la representa como una flecha sin determinar su altura ni duración sino su área.

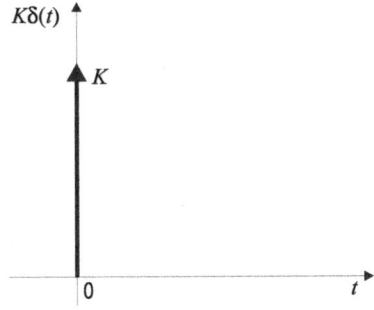

Figura 5. 17

Puede también representar un área de valor K, no unitaria, en este caso:

$$K\delta(t) = \begin{vmatrix} \int\limits_{-\infty}^{\infty} K\delta(t)\,dt = K \\ 0 \quad si \quad t \neq 0 \end{vmatrix}$$

5.6. Respuesta de sistemas lineales invariantes en el tiempo [SLIT]

Representamos el SLIT con el modelo de caja negra, con una entrada y una salida $x(t)$ e $y(t)$ respectivamente.

Las cualidades del sistema afectan a la entrada $x(t)$ para producir la salida objeto $y(t)$.

Por *definición* y con el fin de caracterizarlos matemáticamente en los sistemas LIT, relajados, si a la entrada es $\delta(t)$ la salida se denomina $h(t)$, "función caracterizante del sistema". De esta manera, los distintos sistemas pueden ser reconocidos por la "forma" de $h(t)$ para la misma entrada $\delta(t)$, motivo de la denominación ponderomotriz de la función delta.

Esto siempre para sistemas "relajados" que poseen condiciones iniciales nulas, (si no, la salida se vería modificada también por los valores iniciales, con lo que $h(t)$ no los caracterizaría tan limpiamente).

En un SLIT; si a la entrada se la excita con $\delta_{(t-t_0)}$ a la salida aparece $h_{(t-t_0)}$ esto para todo t; con t_0 real.

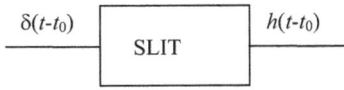

Figura 5.18

5.7. Propiedades importantes de $\delta(t)$

Si se forma la integral

$$\int_{-\infty}^{\infty} f(t)\, \delta(t)\, dt$$

el único valor posible no nulo para $f(t).\delta(t)$ es cuando $t = 0$ luego, esta integral se puede escribir:

$$\int_{-\infty}^{\infty} f(0)\, \delta(t)\, dt = f(0) \int_{-\infty}^{\infty} \delta(t)\, dt = f(0)$$

Razonando de la misma manera se puede poner:

$$\int_{-\infty}^{\infty} f(t)\, \delta(t-\tau)\, dt = f(\tau)$$

Es de ver que, si llamamos $x(t)$ a la función de referencia genérica $f(t)$ y si realizamos un cambio de variables:

$$\int_{-\infty}^{\infty} x(\tau)\delta\,(\tau - t)\, d\tau = x(t)$$

o también:

$$\int_{-\infty}^{\infty} x(\tau)\delta\,(t - \tau)\, d\tau = x(t)$$

Esta forma de expresar a la función $x(t)$ parece algo redundante, pero tiene un sentido. Sabemos que si "entra" $\delta(t)$ "sale" $h(t)$, si entra una cierta $x(t)$ conocida, saldrá una $y(t)$ que deseamos conocer, si observamos, en la expresión de $x(t)$ de arriba, vemos que la única función del tiempo es $\delta(t)$ que figura dentro de la integral de la variable t, si entramos con esta $x(t)$ arbitraria, sabiendo que si entra $\delta(t - \tau)$ sale $h(t - \tau)$ la salida queda

$$y(t) = \int_{-\infty}^{\infty} x(\tau)\, h(t - \tau)\, d\tau$$

A esta integral se la denomina "integral de convolución" expresándola:

$$y(t) = x(t) * h(t)$$

No confundir con el signo de producto que en muchos textos también usan el asterisco (*), y que para nosotros significa Convolución.

Si ahora producimos un cambio de variable como:

$$t - \tau = q$$

$$\tau = t - q$$

$$d\tau = -dq$$

luego:

$$y(t) = \int_{-\infty}^{\infty} x(t-q)\, h(q)dq$$

quedando verificado que:

$$y(t) = x(t) * h(t) = h(t) * x(t)$$

5.8. Serie de Fourier

El producto escalar de dos funciones f_1 y f_2 en un intérvalo $t \in (t_1, t_2)$, intérvalo finito, funciones continuas, resulta:

$$< f_1, f_2 >= \int_{t_1}^{t_2} f_1(t) f_2^*(t)dt$$

Estamos interesados ahora en expresar una función cualquiera $f(t)$ en el intérvalo (t_1, t_2) mediante una combinación lineal de funciones bases así como sucede con los vectores, si las bases son i, j, k en el espacio tridimensional, entonces

$$\overline{v} = a_1 i + a_2 j + a_3 k$$

donde

$$i = (1, 0, 0)$$
$$j = (0, 1, 0)$$

y

$$k = (0, 0, 1)$$

son las bases canónicas, en este caso ortonormales.

Esto porque son perpendiculares entre si $i \perp j;\ i \perp k; j \perp k;$ etc. y normales porque $|i| = |j| = |k| = 1$

Cuando se desea describir a $\overline{v}$, sólo es necesario conocer a_1, a_2 y a_3 o sea los coeficientes de las bases con bases ya establecidas. Esto permite trabajar a v con (a_1, a_2, a_3), mediante sus componentes.

En el análisis de funciones, buscamos bases canónicas, claro que ahora la dimensión puede ser mucho mayor que tres, aún pueden ser en general sistemas abiertos o sea de dimensiones infinitas.

Las bases a adoptar deben ser linealmente independientes o sea su producto escalar debe ser nulo (o perpendiculares) estableciendo un sistema ortogonal, veamos la propuesta siguiente:

Sea $e^{j\omega_0 k t}$ una familia de funciones donde se puede indicar como:

$$\phi_k(t) = \left\{ ...\, e^{-j\omega_0 3t}, e^{-j\omega_0 2t}, e^{-j\omega_0 t}, 1, e^{j\omega_0 t}, e^{j\omega_0 2t}, e^{j\omega_0 3t},\ ... \right\}$$

para $k \in Z$, aparecen infinitas funciones exponenciales de frecuencia múltiples de ω_0, recordemos, que:

$$e^{j\omega_0 t} = \cos(\omega_0 t) + j\, \mathrm{sen}(\omega_0 t)$$

y ω_0 representa una función en rad/seg.

Ahora bien, para adoptar esta familia de funciones como una base deben cumplir condiciones de independencia lineal, entre cualquiera de ellas así si

$$\omega_0 = \frac{2\pi}{T_0} \quad \text{con } T_0 \in \mathbb{R}$$

$\omega_0 \in \mathbb{R}$ y $e^{j\omega_0 kt}$ es una función periódica cuyo período fundamental es

$$\omega_0 = \frac{2\pi}{T_0} \quad \text{con } T_0$$

un valor cualquiera así es que el intervalo de estudio de las funciones y sus bases será en un período T_0, correspondiendo el resto por simetría de periodicidad, así es que establecemos el intervalo de estudio $[t_1, t_2]$ como un período sea:

$$[\alpha, \alpha + T_0]$$
$$[0, T_0]$$
$$\left[-\frac{T_0}{2}, \frac{T_0}{2}\right]$$

etc. indicado con $\langle T_0 \rangle$ queriendo decir que es en un espacio de tiempo T_0 no importa el valor de α adoptando ya que son periódicas perpetuas.

Así es que realizando el producto escalar de $e^{j\omega_0 kt}$ con $e^{j\omega_0 nt}$ con k, $n \in \mathbb{Z}$ cualquiera, resulta su producto escalar como:

$$\int_{\langle T_0 \rangle} e^{j\omega_0 kt} e^{-j\omega_0 nt} dt = \int_{\langle T_0 \rangle} e^{j\omega_0 (k-n)t} dt$$

con k-n es otro entero que lo denominamos p resulta:

$$\int_{\langle T_0 \rangle} e^{j\omega_0 pt} dt$$

si $p \neq 0$ o sea $k \neq n$ esta integral es:

$$\frac{1}{j\omega_0 p} e^{j\omega_0 pt} \Big|_0^{T_0} = \frac{1}{j\omega_0 p} \left[e^{j\omega_0 p T_0} - 1 \right]$$

pero

$$\omega_0 = \frac{2\pi}{T_0}$$

luego

$$\omega_0 p T_0 = p2\pi$$

lo que con p entero es un múltiplo de 2π y la función:

$$e^{j2\pi p} = \cos(2\pi p) \pm j \operatorname{sen}(2\pi p)$$

el $\pm$ depende del signo de p si es positivo o es negativo respectivamente. De todas formas para cualquier $p \in \mathbb{Z}$ esta funcion exponencial es igual a uno y la integral será nula a lo lago de un periodo.

Concluyendo

$$\int_{\langle T_0 \rangle} e^{j\omega_0 kt} e^{-j\omega_0 nt} dt = 0 \ \text{si} \ k \neq n$$

o sea son perpendiculares entre si dos bases distintas, además si fuese $k=n$ resulta:

$$\int_{\langle T_0 \rangle} dt = T_0$$

que es el equivalente a $i.i = 1$ ó $j.j = 1$ ó $k.k = 1$ puesto que i, j, k son bases normalizadas $i^2 = j^2 = k^2 = 1$ en nuestro caso $e^{j\omega_0 kt}$ es un conjunto de bases ortogonales, cuyo

$$\left| e^{j\omega_0 kt} \right|^2 = T_0$$

en lugar de '1', pero sirve como conjunto base.

Luego si $f(t)$ es periódica de período T_0 o sea

$$f(t) = f(t+T_0) \ \forall t \ \text{con} \ T_0 \in \mathbb{R}$$

se puede expresar como una combinación lineal de las bases

$$\phi_k(t) = e^{j\omega_0 kt}$$

en el período T_0 siendo entonces expresado mediante una serie ya que se trata de un sistema abierto de la siguiente manera:

$$f(t) = \sum_{k=-\infty}^{\infty} a_k e^{j\omega_0 kt}$$

esto se denomina serie exponencial de Fourier a_k son los coeficientes interesantes de conocer para trabajar con $f(t)$ y pueden conocerse con recursos matemáticos.

1.   Si a ambos miembros multiplicamos por $e^{-j\omega_0 nt}$ la expresión queda:

$$f(t)e^{-j\omega_0 nt} = \sum_{k=-\infty}^{\infty} a_k e^{j\omega_0 (k-n)t}$$

2.   Integrando a lo largo de un período T_0 resulta:

$$\int_{\langle T_0 \rangle} f(t)e^{-j\omega_0 nt} dt = \sum_{k=-\infty}^{\infty} a_k \int_{\langle T_0 \rangle} e^{j\omega_0 (k-n)t} dt$$

La integral de la derecha es nula para todo $k \neq n$ como vimos, y sólo es no nula si $k=n$, luego de la suma sólo queda el sumando $k=n$ y la integral tomo el valor de T_0, entonces:

$$\int_{\langle T_0 \rangle} f(t)e^{-j\omega_0 nt}dt = a_n . T_0$$

cambiando solo el aspecto de nomenclatura al llamar a n por k resulta:

$$a_k = \frac{1}{T_0} \int_{\langle T_0 \rangle} f(t)e^{-j\omega_0 kt}dt$$

con

$$a_0 = \frac{1}{T_0} \int_{\langle T_0 \rangle} f(t)dt$$

a_k es el coeficiente de Fourier y muestra las amplitudes complejas de los distintas frecuencias múltiplos *k-ésimos* de ω_0

Ejemplo 5.4.

$f(t)=$ sen $200t$

Por Euler esto se expresa como:

$$f(t) = \frac{1}{2i}e^{j200t} - \frac{1}{2i}e^{-j200t}$$

comparando con la expresión general de

$$f(t) = \sum_{k=-\infty}^{\infty} a_k e^{j\omega_0 kt}$$

resulta que $\omega_0 = 200$ y que la suma posee solo dos sumandos no nulos,

$k = -1$ y $k = 1$

así

$$a_{-1} = -\frac{1}{2j}$$

y

$$a_1 = \frac{1}{2j}$$

como vemos la suma puede ser finita y en general los a_k son complejos.

Ejemplo 5.5.

$f(t)=$ 3sen $100t$ + 4cos $200t$

Observamos primero que $f(t)$ sea periódica, y como está formada por la suma de dos periódicas. Puede ser periodica con período T_0 como al mínimo común múltiplo del período de los sumandos, si este m.c.m. no existe la suma no sería periódica:

Así:

$$T_1 = \frac{2\pi}{100}$$

y

$$T_2 = \frac{2\pi}{200}$$

con $T_1 = 2T_2$

el m.c.m. es T_1, con frecuencia fundamentalmente de $f(t)$ como

$$\omega_0 = 100\, rad/seg$$

Nuevamente por Euler, sabemos que:

$$f(t) = 3\left(\frac{1}{2j}e^{j100t} - \frac{1}{2j}e^{-j100t}\right) + 4\left(\frac{1}{2}e^{j200t} + \frac{1}{2}e^{-j200t}\right)$$

$$f(t) = \frac{3}{2j}e^{j100t} - \frac{3}{2j}e^{-100t} + 2e^{j200t} + 2e^{-j200t}$$

supuesta ya $\omega_0 = 100$, se trata de una suma donde:

$$a_1 = \frac{3}{2j} \quad ; \quad a_{-1} = -\frac{3}{2j} \quad ; \quad a_2 = \frac{1}{2} \quad ; \quad a_{-2} = \frac{1}{2}$$

Por supuesto, estos coeficientes se pueden calcular aplicando la expresión:

$$a_k = \frac{1}{T_0} \int_{\langle T_0 \rangle} f(t)e^{-j\omega_0 kt}\, dt$$

y como a_k es complejo podría expresarse como:

$$a_k = A_k - jB_k$$

con A_k y B_k reales además por Euler, si $f(t)$ es una función real resulta:

$$a_k = \frac{1}{T_0} \int_{\langle T_0 \rangle} f(t)(\cos \omega_0 kt - j\, sen\, \omega_0 kt)\, dt$$

así pués

$$A_k = \frac{1}{T_0} \int_{\langle T_0 \rangle} f(t)\cos(\omega_0 kt)\, dt$$

$$B_k = \frac{1}{T_0} \int_{\langle T_0 \rangle} f(t)\, sen(\omega_0 kt)\, dt$$

$$a_0 = A_0 = \frac{1}{T_0} \int\limits_{\langle T_0 \rangle} f(t)dt$$

Ejemplo 5.6.

Sea $f(t)$ como la dibujada:

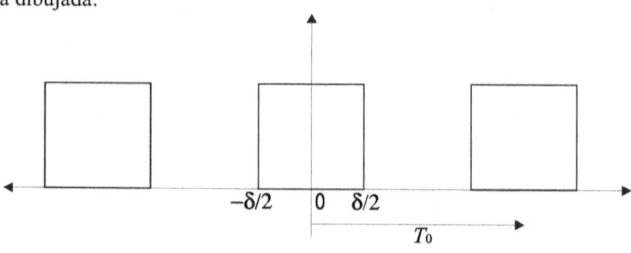

Figura 5.19

para expresar los coeficientes de Fourier ahora abrá que calcularlos:

$$a_k = \frac{1}{T_0} \int\limits_{-T_0/2}^{+T_0/2} f(t)e^{-j\omega_0 kt} dt$$

$$a_0 = \frac{1}{T_0} \int\limits_{-T_0/2}^{T_0/2} f(t)dt$$

entre $-T_0/2$ y $T_0/2$; $f(t)$ solo vale A entre $-\delta/2$ y $\delta/2$ siendo nulo en el resto del intervalo $\left[-T_0/2, T_0/2\right]$ luego:

$$a_0 = \frac{1}{T_0} \int\limits_{-\delta/2}^{\delta/2} A\,dt = \frac{A\delta}{T_0}$$

$$a_k = \frac{1}{T_0} \int\limits_{-\delta/2}^{\delta/2} A e^{-j\omega_0 kt} dt = \frac{A}{T_0} \frac{1}{(-j\omega_0 k)} e^{-j\omega_0 kt} \Bigg|_{-\delta/2}^{\delta/2}$$

$$a_k = \frac{A}{T_0(+j\omega_0 k)} \left(e^{j\omega_0 k\delta/2} - e^{-j\omega_0 k\delta/2} \right) =$$

$$a_k = \frac{A\delta}{T_0} \frac{e^{j\omega_0 k\delta/2} - e^{-j\omega_0 k\delta/2}}{2j\omega_0 k\delta/2}$$

$$a_k = \frac{A\delta}{T_0} \frac{\text{sen}(\omega_0 k\delta/2)}{\omega_0 k\delta/2} = \frac{A\delta}{T_0} \text{sen}\left(\omega_0 k\delta/2\right)$$

Observar que al $\dfrac{\text{sen}\,x}{x}$ se lo denomina *senc x*.

Si bien es muy interesante expresar a $f(t)$ como una suma de funciones exponenciales, además es muy útil, surge una gran limitación, ¿qué sucede si $f(t)$ no es periódica?

La mayoría de las señales que trabajamos en ingeniería están acotadas)no poseen discontinuidades salto infinito) y sin patología de discontinuidades esenciales como frecuencias infinitas, pero he aquí el problema, no son periódicas, comienzan en cierto momento y terminan en otro, la idea de perpetuidad no es aplicable en la realidad.

¿Qué se puede hacer para generalizar esto a una función $f(t)$ acotada en el tiempo entre t_1 y t_2 y acotada en amplitud, sin discontinuidades esenciales? surge una poderosa herramienta, el cálculo diferencial, con sus limitaciones como toda herramienta constituida para un servicio.

Se trata ahora de $f(t)$ como lo dibujado.

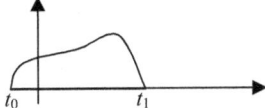

Figura 5.20

El truco es considerar que esta $f(t)$ si es periódica, de período T_0, claro está que el próximo período se cumple para un tiempo infinito, o sea se hace que $T_0 \rightarrow \infty$.

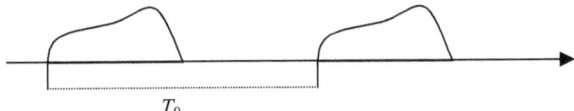

Figura 5.21

A esta generalización periódica de $f(t)$ la denominamos $f_T(t)$ que al ser periódica se le pueden encontrar los coeficientes de Fourier.

$$a_k = \frac{1}{T_0} \int_{\langle T_0 \rangle} f_T(t) e^{-j\omega_0 k t} dt$$

pero claro, sabemos que

$$\lim_{T \to \infty} f_T(t) = f(t)$$

al tomar límite, a fin de no anular los a_k se puede tomar el siguiente arreglo:

$$a_k T_0 = \int_{-T_0/2}^{T_0/2} f_T(t) e^{-j\omega_0 k t} dt$$

además

$$\omega_0 = \frac{2\pi}{T_0}$$

si $T_0 \to \infty$, $\omega_0 \to 0$ o mejor $\omega_0 \to d\omega \to 0$, por otra parte, si el salto de las frecuencia ω_0 son muy próximos entre sí, al tender $d\omega \to 0$, hace que cualquier conjunto de frecuencia posea infinitos de ellas, o sea $k \to \infty$ para cualquier segmento de frecuencia:

si $d\omega \to 0$, $\lim \omega_0 k = \omega$

Tomamos límites a la expresión de $a_k.T_0$ resulta:

$$\lim{}_{To \to \infty} a_k T_o = \int_{-\infty}^{\infty} f(t) e^{-j\omega t} dt = F(\omega)$$

La integral aparece solo en función de la variable ω pues el t es integrando en el $]{-}\infty,\infty[$. Esta $F(\omega)$ se la denomina transformada de Fourier de $f(t)$, y vemos que más bien es un hecho matemático aunque posee una fuerte interpretación física.

Ahora si

$$f(t) = \sum_{k=-\infty}^{\infty} a_k e^{j\omega_0 kt}$$

Multiplicando y dividiendo (para no alterar) por T_0 que no es nulo ni infinito, sino que "tiende a ∞"

$$\bar{f}(t) = \sum_{k=-\infty}^{\infty} a_k T_0 e^{j\omega_0 kt} \frac{1}{T_0}$$

$$\frac{1}{T_0} = \frac{\omega_0}{2\pi}$$

que cuando $T_0 \to \infty$, esto es $\dfrac{d\omega}{2\pi}$; luego $\omega_0 h \to \omega$ cuando $T_0 \to \infty$, lo que $k \to \infty$.

La suma es ahora de cantidades infinitamente pequeñas, es lo que se denomina integral.

$$f(t) = \lim_{T_0 \to \infty} \bar{f}(t) = \frac{1}{2\pi} \int_{-\infty}^{\infty} F(\omega) e^{j\omega t} d\omega$$

Expresión de la antitransformada de Fourier.

En resumen, si $f(t)$ es una función no periódica que cumple con las condiciones de Derichlet

$$\int_{-\infty}^{\infty} |f(t)| dt < \infty$$

lo que implica que sea acotada en amplitud y en tiempo, además sin discontinuidades esenciales de frecuencia infinita, entonces:

$$F(\omega) = \int_{-\infty}^{\infty} f(t) e^{-j\omega t} dt$$

$$f(t) = \frac{1}{2\pi} \int_{-\infty}^{\infty} F(\omega) e^{j\omega t} d\omega$$

Este par de expresiones son de notable utilidad en la ingeniería de comunicaciones y electrónica en general, a fin de hacerlo más aplicable es que se toman las transformadas unilateral de Fourier, o sea para $t \in [0, \infty[$

Sin considerar tiempos negativos, sino que se asigna tiempo cero en cuanto comienza la experiencia.

Esta transformada unilateral derecha $F_+(\omega)$ por abuso de escritura se denomina en general la transformada de Fourier, y a fines de entrar en este lenguaje común aunque erróneo, podemos aceptar la transformada como:

$$F(\omega) = \int\limits_0^\infty f(t)e^{-j\omega t}\,dt$$

este hecho de la unilateralidad, cambia algunas propiedades de la transformación, pero aún así no es grave para el estudio de las funciones, el problema es que $f(t)$ no siempre cumple con las condiciones impuestas por Dirichlet de ser

$$\int\limits_{-\infty}^\infty |f(t)|\,dt$$

convergente, y esto es común en la práctica como ser la función paso *u(t)*, u otras muy frecuentes.

Esta condición obliga a transformar mediante una aplicación de límites, lo que siempre es complicado. Fue el Marques de Laplace quien introduce un fuerte factor de convergencia que hace que la condición de Dirichlet se cumpla y permita una transformación operativa denominada la transformada de Laplace.

5.9. La transformada de Laplace

Concretamente, Laplace propone trabajar con la función

$$e^{-\sigma t} f(t)$$

en lugar de $f(t)$ con $\sigma > 0$; $t \in [0, \infty[$ esto es $e^{-\sigma t}$ un factor muy convergente que garantiza que se cumpla

$$\int\limits_0^\infty |e^{-\sigma t}.f(t)| < \infty$$

que es la condición de Dirichlet.

Entonces propone transformar por Fourier $e^{-\sigma t} f(t)$ en el intérvalo $t \in [0, \infty[$, y la pregunta que surge, ¿qué es esto?

Es un recurso matemático, ya no posee una interpretación física concreta como la transformada de Fourier. Como σ es real, esta función $e^{-\sigma t}$ es real valuada y es posible luego de la integral de transformación separar si me permite la expresión este factor de convergencia (siempre que no se mezclen partes reales con imaginarias). Así:

$$\Im\left\{e^{-\sigma t} f(t)\right\} = \overline{F}(\omega)$$

resulta

$$\overline{F}(\omega) = \int\limits_{-\infty}^{\infty} e^{-\sigma t} f(t) e^{-j\omega t} dt = \int\limits_{-\infty}^{\infty} f(t) e^{-(\sigma + j\omega)t} dt$$

Si se denomina a

$$s = \sigma + j\omega$$

como una variable compleja, con $\sigma, \omega \in \mathbb{R}$ será:

$$\overline{F}(\omega) = \int\limits_{-\infty}^{\infty} f(t) e^{-st} dt = F(s)$$

También la transformada unilateral derecha de Laplace es

$$F(s) = \int\limits_{0}^{\infty} f(t) e^{-st} dt$$

lo que en realidad garantiza la convergencia es el factor $e^{-\sigma t}$ con $\sigma > 0$. También la inversa surge de Fourier

$$f(t) = \frac{1}{2\pi} \int\limits_{-\infty}^{\infty} F(\omega) e^{j\omega t} d\omega$$

multiplicando por $e^{-\sigma t}$ resulta:

$$e^{-\sigma t} f(t) = \frac{1}{2\pi} \int\limits_{-\infty}^{\infty} \overline{F}(\omega) e^{j\omega t} d\omega$$

acomodando

$$f(t) = \frac{1}{2\pi} \int\limits_{-\infty}^{\infty} \overline{F}(\omega) e^{st} d\omega$$

como

$$s = \sigma + j\omega$$

si $\omega \to \infty$ entonces

$$s \to \sigma + j\omega$$

y si resulta que $\omega \to -\infty$, entonces

$$s \to \sigma + j\omega$$

con $ds=jd\omega$ pues σ es constante en esta integral y $\overline{F}(\omega)=F(s)$, resulta:

$$f(t)=\frac{1}{2\pi j}\int_{\sigma-j\infty}^{\sigma+j\infty}F(s)e^{st}ds$$

Resumiendo, el par de transformada, antitransformada es:

$$F(s)=\int_{0}^{\infty}f(t)e^{-st}dt$$

$$f(t)=\frac{1}{2\pi j}\int_{\Gamma}^{\Gamma+j\infty}F(s)e^{st}ds$$

Por supuesto, lo importante de estas transformadas son sus propiedades, que se resumen a continuación.

En un sistema lineal invariante en el tiempo:

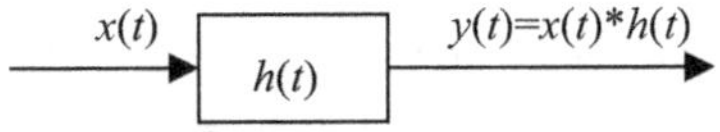

Figura 5.22

Supongamos que $x(t)$ sea una función exponencial de la forma:

$$x(t)=e^{st}$$

con s un número complejo de la forma

$$s=\sigma+j\omega$$

$$y(t)=h(t)*x(t)$$

$$y(t)=\int_{-\infty}^{\infty}h(\tau)\,e^{s(t-\tau)}d\tau=e^{st}\int_{-\infty}^{\infty}h(\tau)\,e^{-s\tau}\,d\tau$$

La salida es la misma entrada e^{st} multiplicada por algo que no depende del tiempo; se puede escribir:

$$y(t)=e^{st}.H(s)$$

con

$$H(s)=\int_{-\infty}^{\infty}h(\tau)\,e^{-s\tau}\,d\tau$$

101

a este valor de $H(s)$ se lo denomina "autovalor" del sistema LIT, y la función e^{st} autofunción del sistema LIT, definiendo como tal a toda función que, aplicada a la entrada, produce una salida con la misma función, multiplicada por un valor independiente del tiempo

$$\int_{-\infty}^{\infty} h(\tau)\, e^{-s\tau}\, d\tau$$

Coincide con la transformada bilateral de Laplace, con un cambio del dominio de integración para $t>0$ resulta:

$$\int_{0}^{\infty} h(t)\, e^{-st}\, dt = H(s)$$

si

$$x(t) = e^{s_0 t} \rightarrow y(t) = e^{s_0 t} \left. H(s) \right|_{s=s_0}$$

Transformada Unilateral de Laplace (simplemente Transformada de Laplace cuando s es justamente el s de entrada).

El hecho que se considere $t > 0$ no quita generalidad a los estudios de sistemas físicos, pues siempre se puede tomar el "origen de los tiempos" como $t=0$.

Una de las "propiedades" mas importantes de la Transformada de Laplace por su utilidad en la resolución de sistemas de ecuaciones diferenciales ordinarias de tiempo continuo es la *Propiedad de Convolución*.

5.10. Propiedad de la Convolución

La Convolución en el tiempo corresponde a un producto de transformadas.

$$y(t) = \int_{0}^{\infty} x(\tau)\, h(t-\tau)\, d\tau$$

corresponde

$$Y(s) = X(s)H(s)$$

con

$$X(s) = \int_{0}^{\infty} x(t)\, e^{st}\, dt$$

y

$$H(s) = \int_{0}^{\infty} h(t)\, e^{st}\, dt$$

Esta propiedad se demuestra mas adelante en cuanto estudiemos las propiedades, con lo que la salida queda especificada por un producto de funciones en s.

A propósito, a la función (muy usada en el estudio de sistemas) que expresa el cociente de polinomios de transformadas con condiciones iniciales nulas:

$$H(s) = \frac{Y(s)}{X(s)}$$

se la denomina **Función de Transferencia**.

> Se suele definir con un poco de apuro que la Función de Transferencia de un sistema relajado (condiciones iniciales nulas) es la transformada de la salida sobre las transformada de la entrada.

La propiedad de

$$Y(s) = H(s) \cdot X(s)$$

es la que permite establecer los diagramas de "cajas negras" tan usados en Teorías de Sistemas, que juntamente con otras propiedades de las Transformadas como son la del escalamiento, desplazamiento, diferencial e integral, permiten utilizar la Transformada de Laplace como una poderosa herramienta para el estudio de Sistemas caracterizados por ecuaciones o sistemas de ecuaciones íntegro diferenciales.

Como la definición de la transformada implica una integral entre 0 e ∞; es útil recordar y mencionar las propiedades de las integrales "generalizadas" o también denominadas impropias.

En primer lugar cuando uno o los dos extremos de la integración es ilimitado la integral se denomina impropia y hay que generalizar la definición de integral como cálculo de un área cerrada para que contemple esta posibilidad, esta generalización se realiza integrando bajo límite:

$$lim_{k \to \infty} \int_0^k f(t)dt = lim_{k \to \infty} F(t)\big|_0^k = lim_{k \to \infty} [F(k) - F(0)]$$

donde k es un número real positivo.

Si existe el limite para $k \to \infty$ de esta integral, o sea que el

$$lim_{k \to \infty} F(k)$$

existe, se dice que la integral "converge".

De otro modo, si el limite no existe, ya sea porque es ilimitado o porque no está definido, se dice que la integral diverge.

Ejemplo 5.6.

Sea $f(t) = e^{ct}$ con $t \geq 0$, $c \in \mathbb{R}$

entonces:

$$\int_0^\infty e^{ct}\,dt = lim_{k \to \infty} \int_0^k e^{ct}\,dt = lim_{k \to \infty} \frac{e^{ct}}{c}\bigg|_0^k = lim_{k \to \infty} \frac{1}{c}[e^{ck} - 1]$$

vemos que el

$$lim_{k \to \infty} \frac{1}{c} e^{ck}$$

converge si $c < 0$ y diverge si $c > 0$

Ejemplo 5.7.

Sea $f(t) = \frac{1}{t}$ con $t \geq 0$ entonces

$$\int_0^\infty \frac{dt}{t} = lim_{k \to \infty} \int_0^\infty \frac{dt}{t} = lim_{k \to \infty} Ln\, k = \infty$$

luego la integral diverge.

Ejemplo 5.8.

$$f(t) = 1 \; ; \; t > 0$$

$$L\,\{1\} = \int_0^\infty e^{-st}\, dt = -\frac{1}{s} e^{-st} \Big|_0^\infty = \frac{1}{s}$$

Ejemplo 5.9.

$$f(t) = t \; ; \; t > 0$$

$$L\,\{t\} = \int_0^\infty t\; e^{-st}\, dt$$

si

$$u = t$$

$$dv = e^{-st}\, dt$$

$$du = dt$$

$$v = -\frac{1}{s} e^{-st}$$

$$I = -t/s\; e^{-st} + 1/s \int_0^\infty e^{-st}\, dt$$

$$I = -t/s\; e^{-st} - 1/s^2 \; e^{-st} \Big|_0^\infty = 1/s^2$$

Ejemplo 5.10

Sea la función singular $f(t) = \delta\,(t)$

$$L\{\delta\,(t)\} = \int_0^\infty \delta\,(t)\ e^{-st}\ dt = e^0 \int_0^\infty \delta\,(t)\ e^{-st}\ dt = 1$$

Ejemplo 5.11.

$$f(t) = e^{at} \quad t \geq 0\,; \quad a \in \mathbb{R}$$

$$\int_0^\infty e^{-(s-a)t}\ dt = \frac{1}{s-a}\ ; \text{ si } s > a$$

5.11. Propiedades de la Transformada de Laplace

5.11.1. Propiedad 1: Linealización

Sean f_1 y f_2 dos funciones que poseen transformadas de Laplace para $s > a_1$ y $s > a_2$ respectivamente.

Entonces para s mayor que el máx $\{a_1, a_2\}$ se cumple que:

$$\Im\,[c_1 f_1(t) + c_2 f_2(t)] = c_1 \Im\,\{f_1(t)\} + c_2 \Im\,\{f_2(t)\}$$

esta propiedad es un tanto obvia, si recordamos las propiedades de la integración definida, sin embargo es de mucha aplicación y esta propiedad de la linealidad es la que permite su uso en sistemas lineales.

5.11.2. Propiedad 2: Traslación en el plano s

Si

$$L\,\{f(t)\} = F(s)$$

entonces

$$L\,\{\,e^{at}\,f(t)\} = F(s-a)$$

Se ve que la multiplicación de $f(t)$ por el factor e^{at} tiene el efecto de reemplazar s en la transformada por $s - a$.

Inversamente, al reemplazar s por $s - a$ equivale a multiplicar $f(t)$ por e^{at}.

Este teorema es muy útil para encontrar las transformadas de Laplace de funciones como

$$e^{at}.\text{sen}\,\omega t$$

o cualquier

$$e^{at}.f(t)$$

Ejemplo 5.12.

$$\Im\{sen\,\omega t\} = \frac{\omega}{s^2 + \omega^2} = F(s)$$

$$\Im\{e^{at}\,sen\,\omega t\} = \frac{\omega}{(s-a)^2 + \omega^2} = F(s-a)$$

5.11.3. Propiedad 3: Teorema del valor final

Considerando al "valor final" de $f(t)$ al

$$lim_{t \to \infty} f(t)$$

o a veces escrito como $f(\infty)$, al valor que adopta $f(t)$ cuando transcurre un tiempo muy largo (∞) este teorema dice:

$$f(\infty) = lim_{t \to \infty} f(t) = lim_{s \to 0} s\,F(s)$$

con

$$F(s) = \Im\{f(t)\}.$$

5.11.4. Propiedad 4: Teorema del valor inicial

Valor inicial de una función es el que corresponde a partir del cual se toman los "tiempos iniciales" y se adopta como cero de tiempo:

$$f(0) = lim_{t \to 0} f(t) = lim_{s \to \infty} s\,F(s)$$

Estos teoremas, permiten conocer los valores iniciales y finales de una función de transferencia estable sin necesidad de antitransformar.

Como siempre

$$\Im\{f(t)\} = F(s)$$

5.11.5. Propiedad 5: Translación real

Sea:

$$F(s) = \int_0^\infty e^{-st} f(t)\, dt \qquad t \geq 0$$

$$\Im\{f(t\text{-}a)\} = \int_0^\infty e^{-st} f(t-a) dt$$

multiplicando por e^{-sa} y por e^{sa} para que sea neutro el producto:

$$\Im\{f(t\text{-}a)\} = e^{-sa} \int_0^\infty e^{-s(t-a)} f(t-a) dt$$

como

$$dt = d(t\text{-}a)$$

pues *a* es una constante y su diferencial es nulo, resulta:

$$\Im\{f(t-a)\} = e^{-sa}F(s)$$

5.11.6. Propiedad 6: Derivación compleja

Dice que la derivada en dominio de s es:

$$\frac{dF(s)}{ds} = -\Im\{t \cdot f(t)\}$$

por ejemplo si

$$F(s) = \frac{1}{s}$$

con una *f(t)* conocida de *u(t)*, escalón paso unitario, resulta que la:

$$\frac{dF(s)}{ds} = -\frac{1}{s^2}$$

posee una transformada de:

$$-t\,f(t) = -t\,u(t)$$

5.11.7. Propiedad 7: Convolución

Definiendo la Convolución de *x(t)* con *h(t)*, para *t* > 0, como:

$$x(t)\,h(t) = \int_0^\infty x(\tau)\,h(t-\tau)\,dt = \int_0^\infty x(t-\tau)\,h(\tau)\,d\tau$$

si

$$y(t) = x(t)*h(t)$$

entonces:

$$Y(s) = X(s)\,H(s)$$

donde

$$\Im\{y(t)\} = Y(s)$$
$$\Im\{x(t)\} = X(s)$$
$$\Im\{h(t)\} = H(s)$$

Demostración

partiendo de

$$\int_0^\infty x(\tau)h(t-\tau)d\tau = y(t)$$

y realizando la transformada de *y(t)* resulta:

$$Y(s) = \int_0^\infty e^{-st}\left[\int_0^\infty x(\tau)\, h(t-\tau)\, d\tau\right]dt$$

cambiando el orden de integración, primero respecto a *t* y luego respecto a τ recordando que si las integrales existen el orden de integración puede alterarse.

$$Y(s) = \int_0^\infty\left[\int_0^\infty (h(t-\tau)e^{-st})\, dt\, x(\tau)\right]d\tau$$

si en la integral interna, multiplicamos por

$$e^{-st}.e^{st}$$

que es neutro por ser unitario, y observando que e^{-st} no es función de τ se puede escribir:

$$Y(s) = \int_0^\infty\left[\int_0^\infty (h(t-\tau)e^{-(s-\tau)t})dt.e^{-st}x(\tau)\right]d\tau$$

la integral dentro del corchete es justamente *H(s)*, que no es función de τ y puede salir fuera de la integral resultando:

$$Y(s) = H(s)\int_0^\infty e^{-st}\, x(\tau)\, d\tau = H(s)\,.\,X(s)$$

con lo que la propiedad queda verificada.

5.11.8. Propiedad 8: Derivación en dominio temporal

Si

$$L\{f(t)\} = F(s)$$

además la condición inicial es sobre el valor de *f* en el origen de los tiempos:

$$f(0) = y_0$$

Entonces la transformada de la

$$\frac{df(t)}{dt} = f'(t)$$

está dada por la fórmula:

$$L\{f'(t)\} = s\,F(s) - y_0$$

Prueba

$$L\{f'(t)\} = \int_0^\infty e^{-st}\,\frac{df}{dt}\,dt = \int_0^\infty e^{-st}df$$

integrando por partes

$$L\{f'(t)\} = f(t)\,e^{-st}\Big|_0^\infty + s\underbrace{\int_0^\infty f(t)\,e^{-st}dt}_{=F(s)}$$

como

$$f(t)\,e^{-st}\Big|_0^\infty = \lim_{t\to\infty}[\,f(t)\,e^{-st}\,] - f(0)\,.\,1$$

siendo que la transformada existe, el límite debe tender a cero, pues la exponencial $e^{-st} \to 0$, resultando:

$$L\{f'(t)\} = -y_0 + s\,F(s)$$

5.11.9. Propiedad 9: Extensión de la propiedad 8

Si

$$L\{f(t)\} = F(s)$$

con las condiciones iniciales

$$f(0) = y$$

$$f'(0) = y'$$

Vale la fórmula

$$L\{f''(t)\} = s^2\,F(s) - s\,y_0 - y'_0$$

Generalizando:

$$L\{f^{(n)}(t)\} = s^n\,F(s) - s^{n-1}\,y_0 - s^{n-2}\,y'_0 - \dots y_0^{(n-1)}$$

Ejemplo 5.13.

Transformar $f'(t)$ sabiendo que esta función es tal que la Transformada de $f(t)$ es $F(s)$:

$$F(s) = \frac{1}{s^2 + 3s}$$

y que

$$f(0) = 5$$

Solución

Sabemos por el teorema que

$$\Im\{f'(t)\} = s\,F(s) - f(0)$$

luego:

$$\Im\{f'(t)\} = \frac{s}{s^2 + 3s} - 5 = \frac{1}{s+3} - 5$$

Se anima usted a expresar $\Im\{f''(t)\}$ sabiendo que $f(0) = 5$ y $f'(0) = -2$?

5.12. Tabla breve de Transformadas para t > 0

$f(t)$	$F(s)$
$\delta(t)$	1
$u(t)$	$\dfrac{1}{s}$
$t^n\,u(t)$	$\dfrac{n!}{s^{n+1}}$
$\dfrac{t^{n-1}}{(n-1)!}\,e^{at}\,u(t)$	$\dfrac{1}{(s-a)^n}$
$u(t)\cos at$	$\dfrac{s}{s^2 + a^2}$
$u(t)\,\mathrm{sen}\,at$	$\dfrac{a}{s^2 + a^2}$
$u(t)\,e^{at}$	$\dfrac{1}{s-a}$

5.13. Actividades: Transformada de Laplace

PROBLEMA 1

Con el uso de la Tabla, hallar las transformadas que se piden

    1. $L\,\{5\}$

    2. $L\,\{t^3\}$

    3. $L\,\{\cos 3t\}$

4. $L\{\text{sen } 3t\}$

5. $L\{\text{senh}5t\}$

6. $L\{e^{5t}\}$

7. $L\{t^3 e^{2t}\}$

8. $L\{e^{5t}\cos 2t\}$

9. $L\{e^{-t}\text{ sen}2t\}$

10. $L\{e^{-2t}\cos t\}$

PROBLEMA 2

1. Transformar $f''(t)$ sabiendo que $f(t) = t\, e^{-2t}$ y que $f(0) = 5$ con $f'(0) = 0$.

2. Transformar $f''(t) = G(s)$ sabiendo que

$$\Im\{f(t)\} = \frac{1}{s^2 + 3s} \text{ y } f(0) = 5; \; f'(0) = -2$$

SOLUCIONES A PROBLEMA 1

1. $L\{5\}$

$$5\, L\{1\} = \frac{5}{s}$$

Recordando que 1 es 1 por $u(t)$ ya que se define como 1 si $t > 0$ y observando la propiedad de integración se deduce que:

$$L\{k f(t)\} = k\, L\{f(t)\} \qquad\qquad k \in \mathbb{R}$$

2   $L\{t^3\} = \dfrac{3!}{s^4}$

3   $L\{\cos 3t\} = \dfrac{s}{s^2 + 9}$

4   $L\{\text{sen } 3t\} = \dfrac{3}{s^2 + 9}$

5   $L\{\text{senh }(at)\} =$

recordando que el seno (*senh*) y el coseno (*cosh*) hiperbólico de x tienen la forma:

$$\cosh(at) = \frac{e^{at} + e^{-at}}{2}$$

$$\operatorname{senh}(a\,t) = \frac{e^{at} - e^{at}}{2}$$

con las propiedades de la integral; la suma de integrales es igual a la integral de la suma. Resulta:

$$L = \{\operatorname{senh}(5t)\} = \frac{1}{2}\frac{1}{s-5} - \frac{1}{2}\frac{1}{s+5} = \frac{1}{2}\left\{\frac{s+5-(s-5)}{(s+5)(s-5)}\right\} = \frac{5}{s^2 - 25}$$

6 $\quad L\{e^{5t}\} = \dfrac{1}{s-5}$

7 $\quad L\{t^3 e^{2t}\}$

Usando el teorema del desplazamiento en s que dice:

$$L\{e^{at} f(t)\} = g(s-a)$$

Hallamos la

$$L\{t^3\} = \frac{3!}{s^4}$$

y luego

$$L\{t^3 e^{2t}\} = \frac{3!}{(s-2)^4}$$

8 $\quad \dfrac{s-5}{(s-5)^2 + 4}$

9 $\quad \dfrac{1}{(s+1)^2 + 4}$

10 $\quad \dfrac{s+2}{(s+2)^2 + 1}$

SOLUCIONES A PROBLEMA 2

1 $\quad F(s) = L\{t\,e^{-2t}\} = \dfrac{1}{(s+2)^2}$

$$L\{f''(t)\} = \frac{s^2}{(s+2)^2} - 5s$$

2 $\quad L\{f''(t)\} = s^2\,F(s) - s\,f(0) - f'(0)$

$$F(s) = \frac{1}{s^2 + 3s}$$

$$L \{ f''(t) \} = \frac{s^2}{s^2 + 3s} - 5\,s + 2$$

5.14. Transformación Inversa

Dada una función $F(s)$ entera o racional, se pretende hallar la función $f(t)$ tal que $L \{ f(t) \} = F(s)$

$$f(t) = L^{-1} \{ F(s) \}$$

En los casos simples se resuelve leyendo la tabla de transformadas entrando por la columna de las funciones en s hacia las funciones de t.

Ejemplos 5.14.

1) $L^{-1} \left\{ \dfrac{1}{s} \right\} = 1$

2) $L^{-1} \left\{ \dfrac{s}{s^2 + 100} \right\} = L^{-1} \left\{ \dfrac{s}{s^2 + 10^2} \right\} = \cos 10 t$

3) $L^{-1} \left\{ \dfrac{1}{s + 3} \right\} = L^{-1} \left\{ \dfrac{1}{s - (-3)} \right\} = e^{-3t}$

Si no está en la Tabla, se puede antitransformar haciendo la descomposición en fracciones simples.

5.15. Expansión en fracciones reducibles conocidas (simples)

Las funciones racionales de la variable s se suelen indicar $R(s)$ y se pueden expresar como el cociente de dos polinomios en s (de ahí el nombre de racionales):

$$R(s) = \frac{P(s)}{Q(s)}$$

El grado del numerador es m y el grado del denominador n, suponiendo que están ordenadas en potencias decrecientes de s será:

$$R(s) = \frac{a_n\,s^n + a_{n-1}\,s^{n-1} + \ldots + a_0}{s^m + b_{m-1}\,s^{m-1} + \ldots + b_0}$$

Todos los coeficientes a_i y b_i son constantes reales. Se ha hecho el coeficiente $b_1 = 1$ por simple comodidad.

Vamos a considerar el caso que $R(s)$ sea fracción "propia", es decir, si $n > m$, si fuese $n < m$, fracción impropia, entonces se puede dividir (numerador por denominador de $R(s)$) y generar una fracción propia (recordando la división):

$$P(s) \mid \underline{Q(s)}$$
$$S(s) \quad C(s)$$

ó

$$R(s) = C(s) + \frac{S(s)}{Q(s)}$$

Siendo $S(s)$ el resto de la división, es siempre de menor grado que el divisor y el resultado de la división se transforma en un polinomio que es el cociente más una fracción propia.

Supongamos de momento que se cumple que $n \le m$, más aún estrictamente que $n < m$.

Se va a tratar de descomponer esta función racional, fracción propia $R(s)$ en una suma de funciones racionales cuya antitransformación (ó integración) sea conocida como la son de los tipos indicados abajo, que por ser conocidas se denominan "simples".

1. $\dfrac{A}{s - s_0}$

2. $\dfrac{A}{(s - s_0)^p}$ $p \in N$; $p > 1$

3. $\dfrac{As + B}{s^2 + as + b}$ si $s^2 + as + b$ posee raíces complejas conjugadas

4. $\dfrac{As + B}{(s^2 + as + b)^r}$

    Si $s^2 + as + b$ posee raíces complejas conjugadas de multiplicidad r

El primer paso consiste en descomponer $Q(s)$ en factores de primer orden o segundo orden si poseen raíces complejas, con coeficientes reales es lo que se denomina "descomposición en fracciones simples":

$$R(s) = \frac{P(s)}{Q(s)} = \frac{P(s)}{(s - s_0)(s - s_1)\cdots(s - s_i)p(s^2 + as + b)}$$

Los valores

$$s_0, \ s_1, \ldots s_i, \ s_n$$

que anulan al denominador y no al numerador se denominan ceros del polinomio denominador y polos de la función racional. El teorema de la descomposición en fracciones simples nos dice:

> "$R(s)$ se puede expresar como una suma de fracciones reducidas, conocidas de la siguiente forma"

$$R(s) = \frac{P(s)}{Q(s)} = \frac{A_0}{(s - s_0)} + \frac{A_1}{(s - s_1)} + \frac{A_{i,p}}{(s - s_i)^p} + \frac{A_{i(p-1)}}{(s - s_i)^{p-1}} + \ldots + \frac{A_{i1}}{(s - s_i)} + \frac{Bs + C}{s^2 + as + b} + \ldots$$

El problema es evaluar los números

$$A_j;\ A_{ij};\ B_j;\ C_j \quad \text{etc.}$$

que aparecen en los numeradores y que podemos por ahora, en estos casos, denominar residuos de la expansión en los polos de $R(s)$. A propósito el teorema del álgebra que asegura esta descomposición se denomina **Teorema de Heaviside**.

A fin de estudiar los casos en forma sistemática, se presentan cuatro casos posibles y su tratamiento:

Caso 1

$Q(s)$ posee raíces reales distintas de primer orden.

Caso 2

$Q(s)$ posee raíces reales de primer orden repetidas de multiplicidad p.

Caso 3

$Q(s)$ posee raíces complejas conjugadas simples.

Caso 4

$Q(s)$ posee raíces complejas conjugadas repetidas de orden k.

CASO 1

El caso general es

$$R(s) = \frac{A_0}{s - s_0} + \frac{A_1}{s - s_1} + \quad + \frac{A_n}{s - s_n}$$

Si se multiplican ambos miembros por $(s - s_k)$ resulta:

$$(s - s_k)\,R(s) = \frac{A_0\,(s - s_k)}{s - s_0} + \frac{A_1\,(s - s_k)}{s - s_1} + A_k + +\ldots\ldots$$

Tomando límite para $s \to s_k$ se anulan los sumandos, menos el A_k luego:

$$A_k = \lim_{s \to s_k} \left[(s - s_k)\,R(s) \right]$$

Ejemplo 5.15.

$$R(s) = \frac{s + 3}{(s + 1)\,(s + 2)} = \frac{A_0}{(s + 1)} + \frac{A_1}{(s + 2)}$$

$$A_0 = \lim_{s \to -1} \frac{s + 3}{s + 2} = 2$$

$$A_1 = \lim_{s \to -2} \frac{s + 3}{s + 1} = -1$$

CASO 2

Polos reales múltiples. Caso general:

$$R(s) = \frac{A_{1p}}{(s - s_1)^p} + \frac{A_{1p-1}}{(s - s_1)^{p-1}} + \ldots + \frac{A_{11}}{s - s_1}$$

La obtención de residuos A_{ik} para estos casos, es utilizando la expresión:

$$A_{ip} = lim_{s \to si} \ (s - s_i)^p \ R(s)$$

$$A_{i(p-1)} = lim_{s \to si} \left[\frac{d}{ds}(s - s_i)^p \ R(s) \right]$$

$$A_{i(p-k)} = lim_{s \to si} \frac{1}{k!} \frac{d^k}{ds^k} [(s - s_i)^p \ R(s)]$$

Ejemplo 5.16.

Sea

$$R(s) = \frac{s - 1}{(s + 2)^3}$$

la expansión propuesta es:

$$R(s) = \frac{A}{(s+2)^3} + \frac{B}{(s+2)^2} + \frac{C}{s+2}$$

$$A = lim_{s \to -2} \frac{s - 1}{(s + 2)^3} \ (s + 2)^3 = lim_{s \to -2} \ s - 1 = -3$$

$$B = lim_{s \to -2} \left[\frac{d}{ds}(s - 1) \right] = lim_{s \to -2} 1 = 1$$

$$C = lim_{s \to -2} \frac{1}{2} \frac{d^2}{ds^2} \ (s - 1) = 0$$

luego:

$$R(s) = \frac{-3}{(s + 2)^3} + \frac{1}{(s + 2)^2}$$

con

$$r(t) = -3 \frac{t^2}{2} e^{-2t} + t \ e^{-2t}$$

Existen muchas otras formas de obtener los residuos, aun métodos gráficos, para lo cual al alumno interesado se le recomienda leer el tema en textos de ***Análisis Matemático I*** ó ***II***, bajo el título de *Integración de Funciones Racionales*.

Los Casos 3 y 4 implican valores complejos.

CASO 3

Ceros de $Q(s)$ son conjugados complejos:

Se los puede tratar como el *Caso 1* operando con valores complejos, o descomponer en una fracción cuyo denominador es un polinomio cuadrático a coeficientes reales y cuyo numerador es un polinomio lineal (de grado uno a lo sumo)

El caso general sería:

$$R(s) = \frac{A_0}{s - s_0} + \frac{A_1}{s - s_1} + \frac{Bs + c}{s^2 + a s + b} + \ .....$$

El polinomio $s^2 + a s + b$ posee raíces complejas conjugadas, lo mantenemos sin descomponer para trabajar con coeficientes y cantidades reales puras.

La determinación de B y C se puede hacer igualando los polinomios numeradores y denominadores de la fracción $R(s)$, de esta igualdad ensayar valores para la variable s arbitrarios, (se utilizan el cero, uno o menos uno) y se determinan los valores de las constantes B y C. Una mejor explicación queda a través de un ejemplo.

Ejemplo 5.17.

$$R(s) = \frac{P(s)}{Q(s)} = \frac{s - 3}{(s + 1)\,(s^2 + 2)} = \frac{A_0}{s + 1} + \frac{Bs + C}{s^2 + 2}$$

$$A_0 = lim_{s \to -1} \frac{s - 3}{s^2 + 2} = - 4 / 3$$

Operando la expresión, sacando denominador común:

$$\frac{s - 3}{(s + 1)\,(s^2 + 2)} = \frac{A_0\,(s2 + 2) + (Bs + C)(s + 1)}{(s + 1)\,(s^2 + 2)}$$

a denominadores iguales corresponde numeradores iguales, para todo valor de s posible, esto es una "igualdad". Luego

$$s - 3 = A_0\,s^2 + 2\,A_0 + B\,s^2 + B\,s + C\,s + C$$

$$s - 3 = (A_0 + B)\,s^2 + (B + C)\,s + C + 2\,A$$

dos polinomios son iguales, si se corresponden sus coeficientes:

$$A_0 + B = 0 \qquad \text{de donde } B = - A_0 = 4 / 3$$

$$B + C = 1 \qquad \text{de donde } C = 1 - B = - 1 / 3$$

$$C + 2\,A_0 = - 3$$

Nota: Una ecuación es redundante pues ya se conoce A_0.

CASO 4

Similar al *Caso 2*, trabajando con fracciones cuadráticas como el *Caso 3*, el alumno puede intentar resolver estos tipos de casos que son muy pocos frecuentes.

Ejemplo 5.18.

$$F(s) = \frac{1}{s(s-2)} = \frac{A}{s} + \frac{B}{s-2}$$

A y B son los residuos, números que hay que determinar

$$\frac{A(s-2) + Bs}{s(s-2)} = \frac{1}{s(s-2)}$$

luego

$$A(s-2) + Bs = 1$$

Si

$$s = 0$$

$$-2A = 1$$

$$A = -\frac{1}{2}$$

Si

$$s = 2$$

$$2B = 1$$

$$B = \frac{1}{2}$$

Luego

$$\frac{1}{s(s-2)} = \frac{-1/2}{s} + \frac{1/2}{s-2}$$

esto es por el álgebra, la antitransformada será de cada sumando:

$$L^{-1}\{F(s)\} = \frac{1}{2} + \frac{1}{2} e^{2t}$$

Ejemplo 5.19.

$$F(s) = \frac{3s+2}{(s^2+4)(s-1)} = \frac{A}{s-1} + \frac{Bs+C}{s^2+4}$$

Como $s^2 + 4$ posee raíces complejas se le puede hacer corresponder un polinomio lineal al numerador como:

$$Bs + C$$

Ahora hay que determinar el valor de *A, B* y *C*. Como hicimos anteriormente, sacando mínimo común denominador:

$$\frac{3\,s + 2}{(s^2 + 4)\,(s - 1)} = \frac{A(s^2 + 4) + (Bs + C)\,(s - 1)}{(s^2 + 4)\,(s - 1)}$$

Para que esta "igualdad" sea satisfecha es necesario que los denominadores y los numeradores de las expresiones sean iguales, luego.

$$3\,s + 2 = (A + B)\,s^2 + (C - B)\,s + 4\,A - C$$

La igualdad de polinomios (igual coeficientes de la misma potencia de *s* resulta:

$$A + B = 0$$

$$C - B = 3$$

$$4\,A - C = 2$$

Resolviendo:

$$A + C = 3$$

$$C = 3 - A$$

$$4\,A + A - 3 = 2$$

$$5\,A - 3 = 2 \;\Rightarrow\; A = 1$$

Si

$$A = 1$$
$$B = -1$$
$$C = 2$$

$$F(s) = \frac{1}{s - 1} + \frac{-s + 2}{s^2 + 4} = \frac{1}{s - 1} - \frac{s}{s^2 + 4} + \frac{2}{s^2 + 4}$$

$$L^{-1}\{F(s)\} = f(t) = e^t - \cos 2\,t + \operatorname{sen} 2\,t$$

5.16. Ejemplo de la transformada aplicada a ecuaciones diferenciales

Utilizando las "propiedades" de las transformadas, sea

119

$$y'' - 2y' - 8y = 4$$

con las condiciones iniciales

$$y(0) = 0$$

$$y'(0) = 1$$

$$L\{y''\} = s^2\,Y(s) - s\,y(0) - y'(0) = s^2\,Y(s) - 1$$

$$L\{y'\} = s\,Y(s) - y(0) = s\,Y(s)$$

Sustituyendo

$$s^2\,Y(s) - 1 - 2\,s\,Y(s) - 8\,Y(s) = \frac{4}{s}$$

$$Y(s)\,(s^2 - 2s - 8) - 1 = \frac{4}{s}$$

$$Y(s) = \frac{4/s + 1}{s^2 - 2s - 8} + \frac{4 + s}{s(s^2 - 2s - 8)} = \frac{s + 4}{s\,(s - 4)\,(s + 2)}$$

$$Y(s) = \frac{A}{s} + \frac{B}{s - 4} = \frac{C}{s + 2}$$

Por límite

$$A = \lim_{s \to 0} s\,Y(s) = -\frac{1}{2}$$

$$B = \lim_{s \to 4} (s - 4)\,Y(s) = \frac{1}{3}$$

$$C = \lim_{s \to -2} (s + 2)\,Y(s) = \frac{2}{-2(-6)} = \frac{1}{6}$$

$$Y(s) = \frac{1}{6}\left\{ -\frac{3}{5} + \frac{2}{s - 4} + \frac{1}{s + 2} \right\}$$

$$y(t) = L^{-1}\{Y(s)\} = \frac{1}{6}(-3 + 2\,e^{4t} + e^{-2t})$$

5.17. Problemas

5.17.1. Señales

PROBLEMA 1

Sea

$$x(t) = \cos\left[\omega_x(t + \tau_x) + \theta_x\right]$$

Determine la frecuencia en Herz y el período de $x(t)$ para cada uno de los siguientes casos:

	ω_x	τ_x	θ_x
1)	$\pi/3$	0	2π
2)	$3\pi/4$	1/2	$\pi/4$
3)	3/4	1/2	1/4

PROBLEMA 2

Con

$$x(t) = \cos\left[\omega_x\,(t + \tau_x) + \theta_x\right]$$

e

$$y(t) = \cos\left[\omega_y\,(t + \tau_y) + \theta_y\right]$$

determine para cada una de las siguientes combinaciones cuando $x(t)$ es igual a $y(t)$ para todo t.

	ω_x	τ_x	θ_x	ω_y	τ_y	θ_y
1)	$\pi/3$	0	2π	$\pi/3$	1	$-\pi/3$
2)	$3\pi/4$	1/2	$\pi/4$	$11\pi/4$	1	$3\pi/8$
3)	¾	1/2	1/4	3/4	1	3/8

PROBLEMA 3

Dadas las siguientes señales $x(t)$ y $h(t)$ grafique lo pedido:

a) $x(t-1)$ a) $h(t+3)$

b) $x(3t)$ b) $h(1-2t)$

c) $x(-t)$ c) $5\,h(t/5)$

d) $x(2-t)$ d) $*\,h(t/2)\,\delta(t+1)$

e) $x(1-t/3)$ e) $*\,1/2\,h(t)\,u(t) + h(-t)\,u(t)$

* cuando se defina la función singular de Dirac y la función paso unitario.

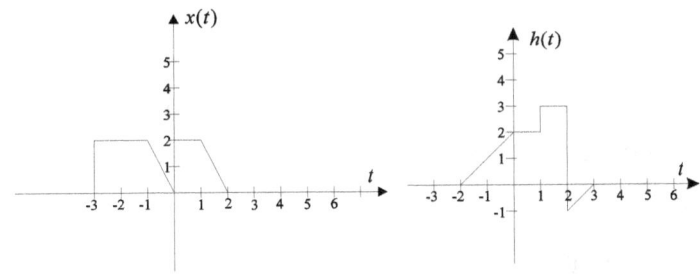

PROBLEMA 4

Grafique los productos

$$x(t).h(t)$$

y

$$x(t).h(-t)$$

PROBLEMA 5

Para cada una de las siguientes señales, determine si es par, impar o ninguna:

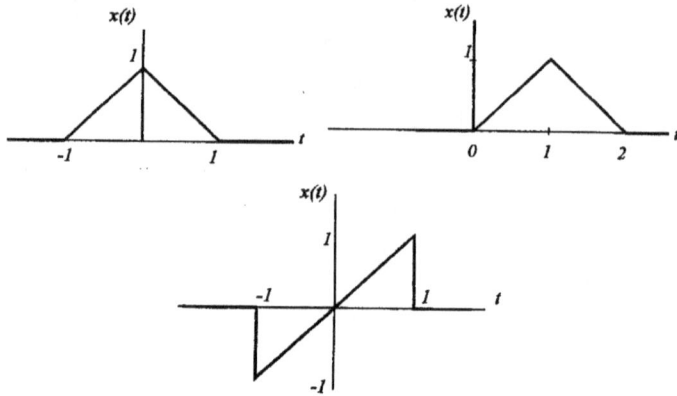

PROBLEMA 6

Sea

$$x(t)=\sqrt{2}(1+j)e^{\frac{j\pi}{4}}e^{(-1+j2\pi)t}$$

Grafique y denomine las siguientes funciones: Ayuda: pueden usar la relación:

$$1+j=\sqrt{2}e^{\frac{j\pi}{4}}$$

a) $Re\{x(t)\}$
b) $Im\{x(t)\}$
c) $x(t+2) + x(t-2)$

5.17.2. Señales y sistemas

PROBLEMA 7

Grafique cada una de las siguientes señales:

a) $x(n) = \delta(n) + \delta(n-3)$
b) $\delta(n)+1/2\delta(n-1)+(1/2)^2\delta(n-2)+(1/2)^3\delta(n)$

c) $x(t) = u(t + 3) - u(t - 3)$

d) $x(t) = e^{-t} u(t)$

PROBLEMA 8

Para $x(t)$ de la figura, grafique las señales:

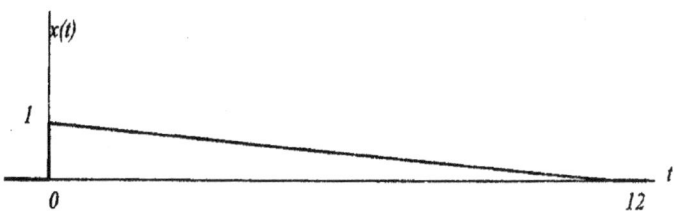

a) $x(1 - t) u(t + 1) - u(t - 2)$

b) $x(1 - t)[u(t + 1) - u(2 - 3t)]$

5.17.3. Series de Fourier

PROBLEMA 9

a) Suponga que $e^{j\omega t}$ es aplicada a la entrada de un SLIT y posee como respuesta al impulso a $h(t)$. Por el uso de la integral de convolución muestre que la salida está dada por:

$$H(\omega)\, e^{j\omega t}$$

donde

$$H(\omega) = \int_{-\infty}^{\infty} h(\tau)\, e^{-j\omega \tau} d\tau$$

b) Asuma que el sistema es caracterizado por la EDO1

$$\frac{dy(t)}{dt} + a\, y(t) = x(t)$$

Si $x(t) = e^{j\omega t}$; $\forall\, t$ y entonces $y(t) = H(\omega)\, e^{j\omega t}$; $\forall\, t$. Por sustitución en la EDO obtenga $H(\omega)$.

c) Represente $H(\omega)$ en módulo y argumento.

PROBLEMA 10

Obtenga los coeficientes de Fourier para cada una de las siguientes señales:

a) $x(t) = \text{sen}\,(10\pi t + \pi/6)$

b) $x(t) = 1 + \cos(2\pi t)$

c) $x(t) = [1 + \cos(2\pi t)]\,[\text{sen}\,(10\pi t + \pi/6)]$

123

PROBLEMA 1 1

Determine los coeficientes de la serie de Fourier para las señales periódicas de la figura siguiente, que tengan coeficientes de Fourier con las siguientes propiedades:

1) Tienen solo armónicas pares.

2) Poseen solo coeficientes reales.

3) Poseen solo coeficientes imaginarios.

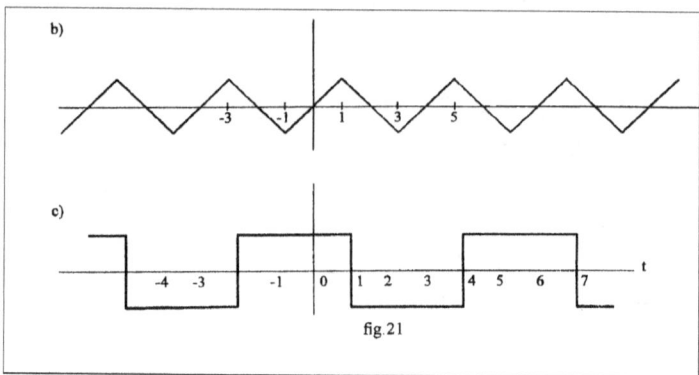

fig. 21

5.17.4. Transformada de Fourier. Tiempo continuo

PROBLEMA 1 2

Considere la señal $x(t)$, que consiste en un pulso rectangular de altura unitaria, es simétrico respecto al origen, y posee una longitud total de T_1.

a)   Grafique $x(t)$.

b)   Grafique $\tilde{x}(t)$, como señal periódica de periodo $T_0 = 3/2T_1$ y repetición de $x(t)$.

c)   Calcule $X(\omega)$, la T de F de $x(t)$. Grafique $|X(\omega)|$ para $|\omega| < 6\Pi/T_1$.

d)   Calcular a_k, los coeficientes de la serie de Fourier de $\tilde{x}(t)$. Grafique a_k para: $k = 0, \pm 1, \pm 2, \pm 3$.

e)   Utilizando las respuestas de c) y d) verifique para este ejemplo:

$$a_k = \frac{1}{T_0} X(w)]_{w=(2\pi k)/T_0}$$

f)   Escriba la fórmula de la serie de Fourier para una función periódica; como puede obtenerse de la Transformada de Fourier de un periodo si la función periódica es dato.

PROBLEMA 1 3

Descubra la Transformada de Fourier para cada una de las siguientes señales y grafique la magnitud y la fase de la función en frecuencias, incluyendo frecuencias positivas y negativas.

a) $\delta(t - 5)$

b) $e^{-\alpha t}u(t)$ $a > 0$ real.

c) $e^{(-1+j2)t}u(t)$

PROBLEMA 14

En este problema exploraremos la T de F de señales periódicas.

a) Muestre que si

$$x_3(t) = a\,x_1(t) + b\,x_2(t)$$

Entonces:

$$X_3(\omega) = a\,X_1(\omega) + b\,X_2(\omega)$$

b) Verifique que:

$$e^{j\omega_0 t} = \frac{1}{2\pi}\int_{-\infty}^{\infty} 2\pi\delta(\omega-\omega_0)e^{j\omega t}\,d\omega$$

De esta observación, argumente sobre el hecho que:

$$\text{Real}\left\{e^{j\omega_0 t}\right\} = 2\pi\delta(\omega-\omega_0)$$

c) Utilizando la ecuación de síntesis de la serie de Fourier:

$$x(t) = \sum_{k=-\infty}^{\infty} a_k e^{jk(2\pi/T)t}$$

Con las propiedades de la T de F sobre ambos miembros de la anterior y usando resultados de a) y b) muestre que:

$$\widetilde{X}(\omega) = \sum_{k=-\infty}^{\infty} 2\pi a_k \delta\left(\omega - \frac{2\pi k}{T}\right)$$

d) Grafique $\widetilde{X}(\omega)$ para $|\omega| \le 4\pi/T_0$

PROBLEMA 15

a) Considere la definición alternativa de T de F con el uso de f en Hz como:

$$X_a(f) = \int_{-\infty}^{\infty} x(t)e^{-j2\pi ft}\,dt$$

Derive la fórmula de transformación inversa.

b) Una segunda alternativa de definición es:

$$X_b(v) = \frac{1}{\sqrt{2\pi}} \int_{-\infty}^{\infty} X(t)e^{-jvt}\,dt$$

Descubra la relación de transformación inversa para esta definición.

PROBLEMA 16

Considere la señal periódica $\tilde{x}(t)$ de la figura compuesta por impulsos aislados.

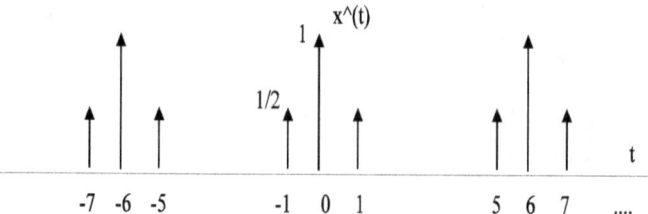

a) Cuál es el periodo fundamental T_0?

b) Descubra la serie de Fourier de $\tilde{x}(t)$

c) Descubra la T de F de la señal de las figuras siguientes

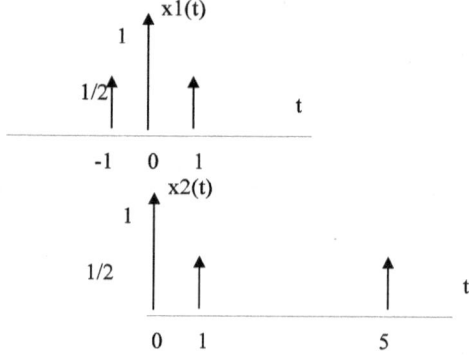

d) $\tilde{x}(t)$ puede expresarse como $x_1(t)$ repetida periodicamente o $x_2(t)$ repetida periodicamente. Esto es:

$$x(t) = \sum_{k=-\infty}^{\infty} x_1(t - kT_1)$$

ó

$$x(t) = \sum_{k=-\infty}^{\infty} x_2(t - kT_2)$$

Determine T_1 y T_2 y demuestre graficamente que estas expresiones son válidas.

e)   Verifique que la serie de Fourier de $x(t)$ está compuesta de muestras en combinación lineal de $X_1(\omega)$ o $X_2(\omega)$.

Problema 17

Descubra la señal correspondiente de la siguiente transformada de Fourier.

a. $X_a(\omega) = \dfrac{1}{7 + j\omega}$

b. $X_c(\omega) = \dfrac{1}{9 + \omega^2}$

6

Modelización Mediante Variables de Estado

6.1. Introducción

Esta unidad le presenta a usted una visión moderna de *"modelado de sistemas"*.

Luego de una introducción a variables de estado internas del sistema, se completan las informaciones sobre el modelo externo de un sistema lineal denominado clásico.

Este modelo interno por medio de variables denominadas de estado se completa con una herramienta del álgebra lineal, matricial y soluciones también matriciales que nos permite incorporar a la computación como elemento de cálculo.

Cerrando la unidad se trata, el tema de transformaciones de similaridad y técnicas de diagonalización usados en el estudio de sistemas, en forma aplicada, dejando la fundamentación matemática a la bibliografía propuesta.

La "aplicación" de los conceptos de cálculo diferencial y matricial nos permite introducirnos en sistemas.

El enfoque sobre modelado propuesto es matemático y de aplicación en Ingeniería de Sistemas. Se ofrece la base del razonamiento que se extiende a muchas aplicaciones, donde los modelados no son tan técnicos ni "limpios", aunque los métodos de "variables de estado", de identificación de variables, de conceptos de causalidad e invariancia en el tiempo, son extendidos al campo de sistemas flexibles. Las técnicas de realimentación están íntimamente vinculadas a problemas de control de gestión.

6.2. El Concepto de Estado

Vamos a circunscribirnos a sistemas causales, o en el concepto de "entradas", "salidas"; se dicen que las salidas dependen de los valores presentes o pasados de las entradas. El sistema no puede predecir la entrada que vendrá, la Ley que los fundamenta es la *Ley de causa-efecto*. A estos sistemas causales, se los suelen denominar *realizables*.

Si el valor de la salida en un instante dado depende únicamente del "estado" en que se encuentre el sistema y de la entrada a partir de ese instante se dice, que es causal. Hemos introducido el concepto de "estado" vinculado a la idea de tiempo.

El "cómo" se encuentra el sistema en ese momento es lo que se trata de determinar; caracterizando el sistema mediante parámetros y variables dependientes del tiempo que definen un conjunto de variables de estado. Estas variables de estado pueden ser físicas y concretas, ya sean aceleraciones, velocidades, posiciones, tensiones, corrientes, flujos, etc.

Pero... he aquí que por una cuestión de sistemas equivalentes, las variables de estado pueden no representar ninguna variable física en sí, sino más bien son variables matemáticas, abstractas, que se relacionan con una o varias variables físicas.

La equivalencia de sistemas es vital para "resolverlo" e interpretarlo y sucede en todo tipo de modelado. En realidad, el modelado es una aproximación análoga más o menos exacta de la realidad.

Cuando a un sistema se lo caracteriza por variables de estado, resulta natural preguntarse:

¿Cómo evoluciona el estado cuando van sucediendo distintas entradas?

¿Cómo evoluciona cuando transcurre el tiempo?

Esta evolución de estados se puede interpretar mediante una función matricial a la que se le suele denominar *"matriz de transición de estados"*.

Para conocer el comportamiento "dinámico" del sistema es necesario a veces, resolverlo, o por lo menos, conocer sus autovalores y autofunciones.

6.3. Concepto de Variables de Estado

Con los conceptos matriciales básicos pueden presentarse los de "estado" de un sistema y el método a plantear y resolver ecuaciones de estado.

El estado de un sistema lo definió **Kalman** de la siguiente manera:

6.3.1. Estado

El estado de un sistema es una estructura matemática conteniendo n variables $x_1(t)$; $x_2(t)$; $x_3(t)$;...; $x_n(t)$, llamados variables de estado, tales que, los valores iniciales $x_i(t_o)$ de estas variables y las entradas $u_i(t)$ al sistema, son suficientes para describir la futura respuesta para $t > t_0$.

Hay un número mínimo de variables de estado requeridos para representar de modo preciso al sistema. Las entradas $u_i(t)$, $u_2(t)$, ..., $u_r(t)$, son deterministas, es decir, poseen valores específicos para todos los valores de tiempo $t > t_o$.

Generalmente, el tiempo inicial de arranque t_0 se toma como cero es común usar $t_0 = 0$ y referir el sistema a partir de $t > 0$.

Las variables de estado no necesitan ser cantidades físicamente observables ni mensurables, pueden ser variables puramente matemáticas.

6.3.2. Vector de Estado

El conjunto de variables de estado representan los elementos de un vector *n-dimensional* $X(t)$ o $c(t)$ que escribimos por simpleza $x(t)$.

$$x(t) = \begin{bmatrix} x_1(t) \\ x_2(t) \\ \vdots \\ x_n(t) \end{bmatrix}$$

Cuando se especifican todas las entradas $U_i(t)$ a un sistema para $t > t_0$ el vector de estado resultante determina de modo único a comportamiento del sistema para $t > t_0$.

6.3.3. Espacio de Estado

El espacio de estado se define como un espacio *n-dimensional*, en que los componentes del vector estado representan ejes coordenados.

Una de las dimensiones de sistemas más profundamente estudiados y de las cuales surgen una serie de parámetros útiles para referirse al comportamiento de sistemas, son los bidimensionales, donde el vector de estado posee solo dos componentes y el espacio de estado es de 2-D.

Por extensión de conceptos, isomorfismo, las conclusiones sobre sistemas bidimensionales se proyectan a sistemas de mayores dimensiones.

6.3.4. Trayectoria de Estados

Se define la trayectoria de estados como la trayectoria producida en el espacio de estados, por el vector de estado $x(t)$, al cambiar en el transcurso del tiempo.

Ejemplo6.1.

Supongamos el sistema masa-resorte-amortiguador ya conocido, cuya ecuación diferencial podemos ahora expresar como:

$$M y'' + B y' + K y = f(t)$$

y es el desplazamiento relativo de la masa

f es la fuerza de entrada o excitación al sistema.

Si denominamos como "estados" de este sistema a la posición y a la velocidad resulta:

$$y(t) = x_1(t)$$

$$y'(t) = v(t) = x_2(t)$$

dejando en el primer término la derivada de mayor orden de la ecuación:

$$y'' = (-B\ y' - K y + f)\ 1/M$$

podemos escribirlo como sistema de ecuaciones diferenciales de primer orden:

$$x'_1 = x_2$$
$$x'_2 = (-K x_1 - B x_2 + f)\ 1/M$$

¿Ventajas? en sistemas sencillos parece que ninguna, es lo mismo escrito de otra forma, no es novedad este tipo de acomodo de las expresiones algebraicas. Pero la posibilidad de expresarlo matricialmente, la facilidad de trabajar con matrices de orden alto y no con ecuaciones diferenciales de orden alto, esa si, es una ventaja, como enseguida veremos. Expresado matricialmente sería:

$$\begin{bmatrix} x_1' \\ x_2' \end{bmatrix} = \begin{bmatrix} 0 & 1 \\ -K/M & -B/M \end{bmatrix} \begin{bmatrix} x_1 \\ x_2 \end{bmatrix} + \begin{bmatrix} 0 \\ 1/M \end{bmatrix} f(t)$$

6.4. Ecuación de Estado

Las ecuaciones de estado de un sistema forman un conjunto de n ecuaciones diferenciales de primer orden, siendo n el número de estado independientes.

En forma simbólica:

$$\dot{x} = A x + B u$$

donde:

$$\dot{x} = \begin{bmatrix} \dot{x}_1 \\ \dot{x}_2 \\ \vdots \\ \dot{x}_n \end{bmatrix}$$

es el vector derivado del estado n x 1.

$$A = \begin{bmatrix} a_{11} & a_{12} & a_{13} & \cdots & a_{1n} \\ a_{21} & a_{22} & a_{23} & \cdots & a_{2n} \\ a_{n1} & a_{n2} & a_{n3} & \cdots & a_{nn} \end{bmatrix}$$

Matriz de coeficientes de la planta n x n.

$$x = \begin{bmatrix} x_1 \\ x_2 \\ \vdots \\ x_n \end{bmatrix}$$

es el vector de estado n x 1.

$$B = \begin{bmatrix} b_{11} & b_{12} & b_{13} & \cdots & b_{1r} \\ b_{21} & b_{22} & b_{23} & \cdots & b_{2r} \\ \vdots & \vdots & \vdots & \cdots & \vdots \\ b_{n1} & b_{n2} & b_{n3} & \cdots & b_{nr} \end{bmatrix}$$

Matriz de control n x r.

$$u = \begin{bmatrix} u_1 \\ u_2 \\ \vdots \\ u_r \end{bmatrix}$$

es el vector de entrada r x 1.

por otra parte la ecuación de salida será:

$$y(t) = \begin{bmatrix} y_1 \\ y_2 \\ \vdots \\ y_p \end{bmatrix}$$

es el vector de salida p x 1.

la salida del sistema se puede expresar matricialmente como:

$$y(t) = C\,x(t) + D\,u(t)$$

$$C = \begin{bmatrix} c_{11} & c_{12} & c_{13} & \cdots & c_{1n} \\ c_{21} & c_{22} & c_{23} & \cdots & c_{2n} \\ & & & & \\ c_{p1} & c_{p2} & c_{p3} & \cdots & c_{pn} \end{bmatrix}$$

Matriz de salida p x n.

$$D = \begin{bmatrix} d_{11} & d_{12} & d_{13} & \cdots & d_{1r} \\ d_{21} & d_{22} & d_{23} & \cdots & d_{2r} \\ & & & & \\ d_{p1} & d_{p2} & d_{p3} & \cdots & d_{pr} \end{bmatrix}$$

Matriz de acoplamiento directo (D) (que vincula la entrada-salida) en la mayoría de los casos que nosotros veremos la tomamos nula (D = 0).

6.5. Ecuaciones Dinámicas

El conjunto de las ecuaciones de estado con las de salida determina la dinámica del sistema.

$$\dot{x}(t) = A\,x(t) + B\,u(t)$$

$$y(t) = C\,x(t) + D\,u(t)$$

6.6. Resolución de las Ecuaciones Dinámicas

Ecuaciones de variables de estado:

Un sistema con representación general como:

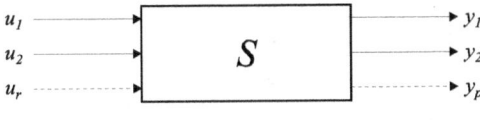

Figura 6.1

Que posee r entradas, p salidas y n variables de estado, se puede modelar matemáticamente como:

$$\dot{x}(t) = A\,x(t) + B\,u(t)$$
$$y(t) = C\,x(t) + D\,u(t)$$

6.7. Solución de la Ecuación Homogénea

La ecuación homogénea, denominamos así cuando en las ecuaciones diferenciales se hacen (o consideran) todas las entradas nulas:

$$\dot{x}(t) = A\,x(t)$$
$$y(t) = C\,x(t)$$

La solución, es libre, homogénea o propia, y si asociamos conceptos sobre la ecuación escalar de la forma

$$\dot{x}(t) = a\,x(t)$$

la solución es en función de las condiciones iniciales $t = 0$, con $x(0)$ como vector de estado inicial:

$$x(t) = e^{at}\,x(0)$$

Con otra condición inicial, en $t = t_0$ la solución será

$$x(t) = e^{a(t-t_0)}\,x(t_0)$$

Al comparar con la ecuación de estado homogénea matricial y proyectando un pensamiento análogo, la solución será de la forma:

$$x(t) = e^{A(t-t_0)}\,x(t_0)$$

Ahora ecuación matricial, además, si $t_0 = 0$:

$$x(t) = e^{At}\,x(0)$$

Se puede verificar, derivando:

$$\dot{x}(t) = A e^{At} x(0)$$

observamos que cumple con la ecuación de estado $\dot{x} = A x$ luego, es solución.

Sabemos por Análisis Matemático que desarrollando por **Taylor** en el origen (**Mc Laurin**) a

$$e^{at} = 1 + at + \frac{a^2 t^2}{2} + \frac{a^3 t^3}{3!} + \dots + \frac{a^n t^n}{n!} + \dots$$

De nuevo por analogía se puede expresar:

$$e^{At} = I + At + \frac{A^2 t^2}{2} + \frac{A^3 t^3}{3!} + \dots + \frac{A^n t^n}{n!} + \dots$$

Esta última afirmación se ve demostrada por el *teorema de* **Cayley-Hamilton**.

Es común llamar a esta función matricial como "matriz" de transición de estados"

$$\Phi(t) = e^{At}$$

$$\Phi(t - t_0) = e^{A(t - t_0)}$$

6.8. Observaciones Interesantes

Consideremos el sistema $\dot{x} = A x$ con A matriz cuadrada de orden n.

Ejemplo 6.2.

Un tanque que acumula líquido, el balance se podría expresar como el flujo de líquido que entra menos el que sale, es igual al que acumula.

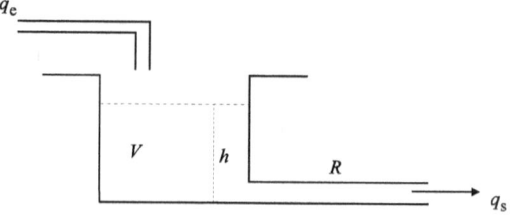

Figura 6.2

$$q_e - q_s = \frac{dV}{dt}$$

donde

q_e y q_s son los caudales $[m^3/h]$

V es el volumen $[m^3]$

Eligiendo como entrada q_e y como salida el volumen V.

q_s es una variable, perturbación; lo ideal sería que fuese constante, pero depende del volumen V y de la resistencia hidráulica R; donde

$$V = C . h$$

Donde

C es el área de la base en [m^2] y se denomina "capacidad".

h es la altura, que produce una presión a través de R capaz de ocasionar q_s.

$$q_s = \frac{V}{C\,R}$$

$$q_e - \frac{V}{C\,R} = \frac{dV}{dt}$$

Si llamamos

$$V = x_1$$

y a

$$q_e = u(t)$$

resulta:

$$\dot{x}_1 = -\frac{1}{CR}\, x_1 + u$$

$$A = \left(-\frac{1}{CR}\right)$$

$$B = (1)$$

La matriz de transición de estado es

$$\phi = e^{At}$$

Siendo $x(0) = V_0$ el volumen del líquido inicial

$$x_1(t) = \Phi(t) . x(0) = e^{(-1/RC)t} . x(0)$$

$$\boxed{V(t) = e^{(-1/RC)t} . v_0}$$

Solución homogénea (entradas nulas $q_e = 0$)

6.9. Solución de la Ecuación Homogénea aplicando Laplace

Sea:

$$\dot{x}(t) = A\,x(t) \qquad\qquad [6.1]$$

$$y(t) = C\,x(t) \qquad\qquad [6.2]$$

Transformado por Laplace la ecuación [6.1], y recordando que la transformada de una matriz es la matriz cuyos elementos son los transformados de la primitiva resulta:

$$s\,X(s) - x(0) = A\,X(s)$$

acomodando:

$$s\,X(s) - A\,X(s) = x(0)$$

sacando factor común, recordar que son matrices, I es la matriz identidad del mismo orden que A resulta:

$$(s\,I - A)\,X(s) = x(0)$$

premultiplicando por la matriz inversa de $(s\,I - A)$ resulta:

$$X(s) = (s\,I - A)^{-1}\,x(0)$$

si comparamos con lo visto en dominio temporal donde dijimos que:

$$x(t) = e^{At}\,x(0)$$

no queda más que decir que sin duda como $\Im\{x(t)\} = X(s)$ tendrá que ser:

$$\Im\{e^{At}\} = (sI - A)^{-1}$$

esto brinda una forma muy operativa de calcular e^{At} que lo hallamos por desarrollo de Taylor, ahora es en forma más compacta.

6.10. Solución de la ecuación completa

En general, la ecuación de estado se expresa:

$$\dot{x}(t) = A\,x(t) + B\,u(t)$$
$$y(t) = C\,x(t) + D\,u(t)$$

donde $u(t)$ es la entrada al sistema.

Solución

considerando que:

$$\frac{d[e^{-At} x]}{dt} = e^{-At} \dot{x} - A \; e^{-At} \; x = e^{-At} \; (\dot{x} - Ax)$$

Luego:

$$e^{-At} \left(\dot{x} - Ax \right) = e^{-At} Bu(t) = \frac{d}{dt}\left[e^{-At} x \right]$$

Integrando:

$$e^{-At} x = \int_{t_0}^{t} e^{-A\tau} B \; u(\tau)\, d\tau + C$$

$$x(t) = e^{At} C + \int_{t_0}^{t} e^{A(t-\tau)} B \; u(\tau)\, d\tau$$

Si $u(t) = 0$, (sistema homogéneo) resulta que

$$x(t) = e^{At} C$$

luego para $t = 0$; será $C = x(0)$ [valores iniciales]

$$x(t) = e^{At} x(0) + \int_{t_0}^{t} e^{A(t-\tau)} B \; u(\tau)\, d\tau \qquad x(t) = \phi(t)x(0) + \phi(t) * Bu(t)$$

$$x(t) = \text{Respuesta propia + Respuesta forzada}$$

La respuesta forzada es una integral de "Convolución".

Se destaca el hecho que los cálculos de $\phi(t)$ son fundamentales para una solución matemática, y por este motivo es que existen criterios y métodos que converjan a resolverlo, en particular pasan, de una forma a otra, trabajando la diagonalización o pseudo-diagonalización de A.

6.11. Solución de la ecuación completa aplicando Laplace

Sea la ecuación matricial completa expresada como:

$$\dot{x}(t) = A\,x(t) + B\,u(t)$$

$$y(t) = C\,x(t) + D\,u(t)$$

aplicando la transformada de Laplace

$$s\,X(s) - x(0) = A\,X(s) + B\,U(s)$$

$$s\,X(s) - A\,X(0) = x(0) + B\,U(s)$$

$$(sI - A)\,X(s) = x(0) + B\,U(s)$$

luego:

$$X(s) = (sI - A)^{-1} x(0) + (sI - A)^{-1} B\,U(s)$$

Donde el primer sumando del segundo término es la *repuesta propia* y el segundo sumando es la *repuesta forzada*.

Una vez más comparando con la respuesta temporal vemos que la transformada de e^{At} es justamente $(sI\text{-}A)^{-1}$ y se deja apreciar la ventaja de la transformada de Laplace al trasladar la integral de convolución del dominio temporal a un producto en dominio de s, como sucede con la respuesta forzada.

6.12. Función de transferencia en sistemas expresados matricialmente

Ahora que se posee el vector de estado $X(s)$ transformado, y recordando que la Función de Transferencia de un sistema puede encontrarse como la relación de la transformada de la salida a la transformada de la entrada con las condiciones iniciales nulas, lo que significa el vector condición inicial de estados $x(0) = 0$, y transformando la ecuación dinámica de estados completa resulta:

$$X(s) = (sI\text{-}A)^{-1} B\,U(s) \qquad\qquad\qquad [6.1']$$

$$Y(s) = CX(s) + DU(s) \qquad\qquad\qquad [6.2']$$

por comodidad llamando a la ***Matriz de Transición de Estado***

$$(sI\text{-}A)^{-1} = \phi(s)$$

obteniendo $X(s)$ de la [6.1'] para reemplazarlo en la [6.2'] y vincular así la salida $Y(s)$ con la entrada $U(s)$ resulta:

$$Y(s) = C\,\Phi(s)\,B\,U(s) + D\,U(s)$$

$$Y(s) = [C\,\Phi(s)\,B + D]\,U(s)$$

aquella matriz que se premultiplica a la entrada para obtener la salida se denomina ***Matriz de Transferencia***, y es una matriz de s:

$$M(s) = C\,F(s)\,B + D$$

Observamos que es una generalización de la función de transferencia, donde ahora es una matriz y no vale hablar de cocientes de matrices.

6.13. Gráficos de flujo de señales

Existen varios modelos apropiados para representar y poder discutir mediante un diagrama claro, los sistema.

Los modelos más usados se pueden clasificar en:

1. Analógicos (reproducción a escala o no).

2. Gráficos (Diagrama en bloques y grafos de fluencia).

3. Matemáticos: EDO's, Ecuación de estado, Relaciones dadas por la Función de Transferencia, Representaciones matriciales, etc.

Los diagramas representativos de un sistema, se realizan con notación simplificada ya sea de diagramas en cajas, o representación causa-efecto de los sistemas, siendo esta última la actualmente preferida por sus propiedades como veremos enseguida.

6.14. Grafo causal

Las pautas para los grafos causales son pocas y relativamente obvias, a fin que sea claro la lectura de relaciones causales.

Cuando se elabora un grafo de simulación, los puntos de unión o nodos se usan para representar las variables sean estas señales de entradas, de "estado" internas del sistema o de salidas.

Los nodos se unen por ramas de acuerdo a ecuaciones causa-efecto, luego las ramas poseen asociadas las ganancias o transferencias de ramas y el sentido de la rama nos indica el orden de la dependencia. Una señal puede transmitirse a través de una rama sólo en el sentido de la flecha.

Dado un conjunto de ecuaciones, la elaboración del grafo es básicamente una cuestión de seguir relaciones "causales" que ligan a cada variable con las demás.

Ejemplo 6.3.

$$x_2 = a_{12}\, x_1$$

x_1: es la variable de entrada.

x_2: es la variable de salida

a_{12} es la ganancia, transferencia o transmitancia entre las dos variables.

Su grafo

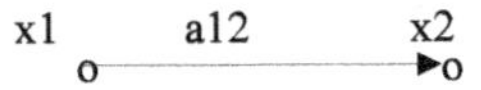

Figura 6.3

6.15. Nodos y ramas

6.15.1. Nodo

Es la representación de una de las variables del sistema; se indica por un punto.

6.15.2. Rama

Representa la relación efecto-causa entre dos variables (nodos); se representa por medio de un segmento con su sentido entre nodos, y la relación de vinculo o transferencias mediante un número o expresión matemática escrita encima de la rama, si no dice nada por defecto se toma el valor 1.

6.15.3. Nodo fuente o entrada

Es el nodo del cual emergen todas las ramas conectadas a él , no entra ninguna rama; también se denomina a este nodo de "entrada".

6.15.4. Nodo pozo o salida

No emerge ninguna ramas, es un nodo al cual solo llegan ramas.

Transmisión de una rama (ganancia ó transferencia)

Es el "valor" de la rama e indica la operación que debe efectuarse sobre la variable causa, a fin de obtener la variable efecto pueden ser como dijimos números, operaciones como derivada e integración o funciones especialmente de transferencia en s.

Ejemplo 6.4.

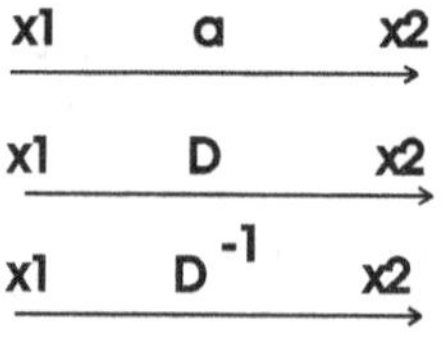

$$x1 \quad\quad a \quad\quad x2$$

$$x1 \quad\quad D \quad\quad x2$$

$$x1 \quad\quad D^{-1} \quad\quad x2$$

Figura 6.4

Corresponde a multiplicar por a; derivar e integrar respectivamente.

$$x_2 = a\,x_1 \qquad\qquad \text{para } a \in \mathbb{R}$$

$$x_2 = D\,x_1 = \frac{dx_1}{dt} = \overset{\bullet}{x}_1$$

$$x_2 = D^{-1}\,x_1 = \int_0^t x_1\,dt$$

El grafo causal, reograma, grafo de fluencia, diagrama de flujo, flujograma, diagrama de simulación.

Como vemos posee muchas denominaciones según la literatura que se trate. Es un grupo de nodos interconectados por ramas que muestra un conjunto de relaciones lineales.

Ejemplo 6.5.

Considere la resistencia eléctrica R

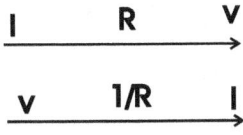

Figura 6.5

Por la **ley de Ohm** $v = R\,i$, si tomamos a i como causa y v como efecto.

Ejemplo 6.6.

Sea el sistema de ecuaciones:

$$x_1 = a\,x_2 + b\,x_3$$
$$x_3 = c x_2 + d x_4$$
$$x_4 = e\,x_2$$

El reograma de este sistema de ecuaciones seria:

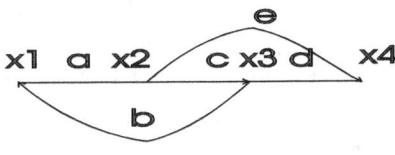

Figura 6.6

Antes de embarcarnos en distintos casos ilustrativos, sobre diagramas de "estado", señalamos los usos más frecuentes de reogramas

1. Se pueden construir directamente a partir de las ecuaciones dinámicas del sistema. Esto permite, muchas veces, determinar las variables de estado y las ecuaciones de estado.

2. Se puede usar el reograma para simular el sistema con ayuda de un computador digital (CAD).

3. Las transmitancias o funciones de transferencias totales o definidas por dos nodos intermedios tomados arbitrariamente como entrada y salida constituyendo un subsistema, se pueden obtener a partir del reograma por aplicación de la **fórmula de Mason**.

Con frecuencia, en un sistema se desea conocer el efecto que produce una variable sobre otra u otras, para esto una técnica rápida es la **fórmula de Mason**.

6.16. Fórmula de la transferencia para los grafos de flujos - Mason

Para resolver la relación causal entre variables (nudos) de entrada/s y salida/s de un grafo, se puede expresar la relación que las vincula, especialmente en dominio de la transformada de Laplace, obteniendo la transferencia. En dominio temporal hay que tener especial cuidado ya mucha funciones deben representarse por integración o derivación en el tiempo y es la "operación" la que figura sobre las ramas, en caso temporal recordar que es la convolución la ley que vincula entrada y salida causal, no puede aplicarse Mason directamente.

Así, la expresión matemática es:

$$M = \frac{var.\ salida}{var.\ entrada} = \frac{x_{sal}}{x_{ent}} = \sum_{k=1}^{n} \frac{M_k\ \Delta_k}{\Delta}$$

Veamos cada término

Tanto M representa una aplicación en s o sea $M : s \rightarrow M(s)$, así también M_k es $M_k(s)$ y las funciones determinantes Δ_k, como Δ serian $\Delta_k(s)$ y $\Delta(s)$, para simplificar la escritura no se expresa la relación con s. M es la Transferencia TOTAL

$$M(s) = \frac{Y(s)}{X(s)}$$

ahora $Y(s)$ es la variable de salida, $X(s)$ la variable de entrada.

M_k es la transferencia del camino directo k-ésimo que va desde x_{ent} hasta x_{sal} (desde $X(s)$ hacia $Y(s)$ sin pasar más de una vez por cada nudo, este es el significado del término "directo".

Puesto que puede haber más de un camino directo de la entrada hacia la salida, es que se considera la posibilidad de k caminos distintos, luego k es el número de caminos distintos.

Δ es el determinante principal del sistema, hacer $\Delta = 0$ determina la ecuación característica del sistema, su conocimiento "dice" muchas cosas sobre el comportamiento del proceso.

Para calcularlo hay que individualizar los lazos cerrados, como aquellos recorridos que comienzan en un nodo y se terminan en el mismo nodo sin pasar dos veces por un mismo nodo, este lazo cerrado posee una cierta transmitancia que es el producto del valor de transmitancia de cada rama que compone el lazo, así si el lazo "l_1" es:

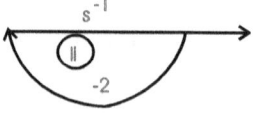

Figura 6.7

el valor de la transmitancia de lazo $l_1 = -2\ s^{-1}$

También decimos que el lazo l_1, y el l_2 comparten un mundo si por ejemplo:

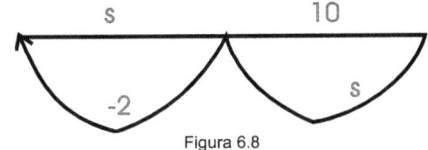

Figura 6.8

y decimos que son disjuntos si no comparten ningún nudo

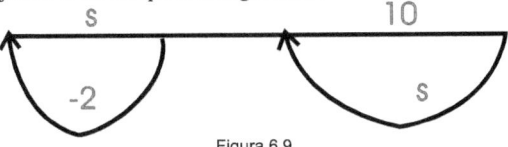

Figura 6.9

l_1 se dice "disjunto" a l_2.

Reconocida la transferencia de los lazos y su topología, estamos en condiciones de calcular Δ como:

> $\Delta = 1$ menos la suma de las transmitancias de lazos individuales (todos los lazos); más la suma de los productos de las transmitancia de dos lazos disjuntos; menos la suma del producto de tres transmitancias de tres lazos disjuntos entre sí y así sucesivamente para más lazos disjuntos.

En fórmula

$$\Delta = 1 - \sum_{i=1}^{m} l_i + \sum_{\substack{i=1 \\ j=1}}^{m,n} l_i\, l_j - \sum_{\substack{i=1 \\ j=1 \\ k=1}} l_i\, l_j\, l_k + \dots\dots$$

l_i es disjunto del l_j, también del l_k y así sucesivamente.

A primera vista parece complicado pero los ejemplos mostrarán que la aplicación es sencilla.

Δ_k es determinante Δ en el que se *anulan* las transmitancia de lazos que toque el camino k, tocar significa que pasa al menos por **un nudo** de los lazos.

Este tipo de grafo hay que practicarlo, y mucho, pues su uso es cada vez más generalizado. A fin de interpretar el álgebra de las cajas utilizada en procesos, se dará un breve resumen de Diagramas en Bloque de Control.

6.17. Diagramas de control

Los diagramas en bloques representan sistemas descriptos por relaciones entrada-salida, pueden hacerse en el tiempo o en dominio de la variables.

Los elementos constitutivos son básicamente:

Suma; Resta; Producto; Punto de Reparto; Bloque que representa en Sistema o proceso

Ejemplo 6.7.

Diagrama en cajas

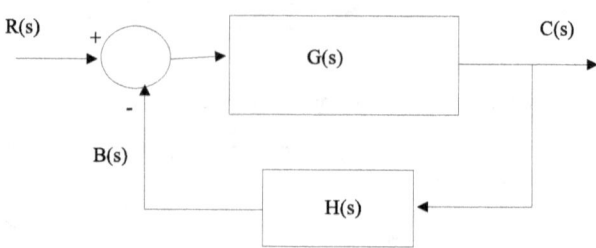

Diagrama de flujo

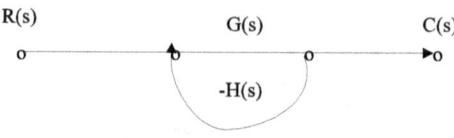

Figura 6.10

Entrada $R(s)$ Salida $C(s)$

Calculamos la transferencia

$$M(s) = \frac{C(s)}{R(s)} = \frac{\sum M_k \Delta_k}{\Delta}$$

1. Camino directo: de $R(s)$ hacia $C(s)$ existe uno solo, $K = 1$

2. $M_1 = G(s)$

3. $\Delta = 1 - l_1$ existe un solo lazo $l_1 = -H(s) \cdot G(s)$

   $\Delta = 1 + G(s) \cdot H(s)$

4. $\Delta_k = \Delta$ - la parte que toque el camino k, luego es $\Delta_k = 1$

   $$M(s) = \frac{G(s)}{1 + G(s).H(s)}$$

es la *función de transferencia a lazo cerrado* del sistema.

Ejemplo 6.8.

Consideramos el sistema representado por:

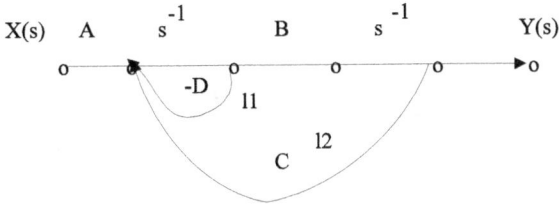

Figura 6.11

Deseamos conocer la función de transferencia

$$G(s) = \frac{Y(s)}{X(s)}$$

M_k: el camino es único $k = 1$

$$M_k = A B s^{-2}$$

$$\Delta = 1 + D s^{-1} + C B s^{-2}$$

$$\Delta_k = 1$$

$$\frac{Y(s)}{X(s)} = \frac{A B s^{-2}}{1 + D s^{-1} + C B s^{-2}} = \frac{A B}{s^2 + D s + C B}$$

6.18. Problemas

PROBLEMA 1

El grafo de transición de un sistema lineal esta dibujado. Encontrar la función de transferencia

$$\frac{C(s)}{R(s)}$$

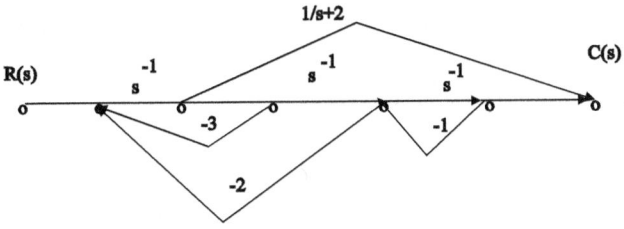

PROBLEMA 2

Encontrar las ganancias y_6/y_1 ; y_3/y_1 ; e y_5/y_2 para el grafo de fluencia

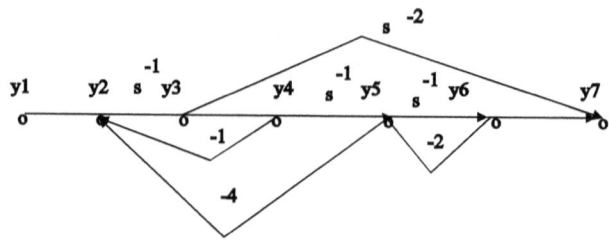

PROBLEMA 3

Obtener la matriz de transición de estado $\phi\,(t)$ del sistema:

$$\begin{bmatrix} x_1 \\ x_2 \end{bmatrix} = \begin{bmatrix} 0 & 1 \\ -2 & -3 \end{bmatrix} \begin{bmatrix} x_1 \\ x_2 \end{bmatrix}$$

PROBLEMA 4

1. Plantear las ecuaciones diferenciales del sistema

2. Realizar las ecuaciones dinámicas en forma matricial.

3. Hallar la Función de Transferencia de

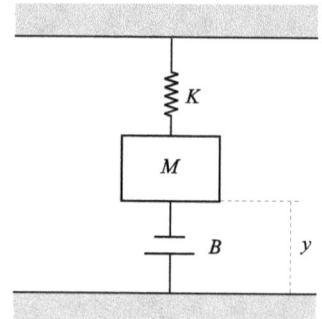

PROBLEMA 5

Hallar la Función de Transferencia de

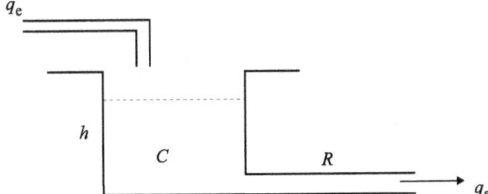

Con salida H y entrada q_e

PROBLEMA 6

Hallar $x_1(t)$ y $x_2(t)$ del sistema descripto por

$$\begin{bmatrix} \dot{x}_1 \\ \dot{x}_2 \end{bmatrix} = \begin{bmatrix} 0 & 1 \\ -3 & -2 \end{bmatrix} \begin{bmatrix} x_1 \\ x_2 \end{bmatrix}$$

Las condiciones iniciales son

$$\begin{bmatrix} x_1(0) \\ x_2(0) \end{bmatrix} = \begin{bmatrix} 1 \\ -1 \end{bmatrix}$$

PROBLEMA 7

Hallar la solución en función de las condiciones iniciales

$$x_1(0), \; x_2(0) \; \text{y} \; x_3(0)$$

$$\begin{bmatrix} \dot{x}_1 \\ \dot{x}_2 \\ \dot{x}_3 \end{bmatrix} = \begin{bmatrix} 2 & 1 & 0 \\ 0 & 2 & 1 \\ 0 & 0 & 2 \end{bmatrix} \begin{bmatrix} x_1 \\ x_2 \\ x_3 \end{bmatrix}$$

PROBLEMA 8

Obtener la respuesta del sistema

$$\begin{bmatrix} \dot{x}_1 \\ \dot{x}_2 \end{bmatrix} = \begin{bmatrix} 0 & 1 \\ -3 & -2 \end{bmatrix} \begin{bmatrix} x_1 \\ x_2 \end{bmatrix} + \begin{bmatrix} 2 \\ 0 \end{bmatrix} u(t)$$

con

$$\begin{bmatrix} x_1(0) \\ x_2(0) \end{bmatrix} = \begin{bmatrix} 0 \\ 1 \end{bmatrix}$$

PROBLEMA 9

Sea el sistema descripto por:

$$\begin{bmatrix} \dot{x}_1 \\ \dot{x}_2 \end{bmatrix} = \begin{bmatrix} -5 & -1 \\ 3 & -1 \end{bmatrix} \begin{bmatrix} x_1 \\ x_2 \end{bmatrix} + \begin{bmatrix} 1 \\ 1 \end{bmatrix} u(t)$$

$$y = \begin{bmatrix} 1 & 2 \end{bmatrix} \begin{bmatrix} x_1 \\ x_2 \end{bmatrix}$$

Obtener la función de transferencia.

PROBLEMA 10

Obtener la función de transferencia del sistema mecánico. Obtener, también, el modelo matricial.

a)

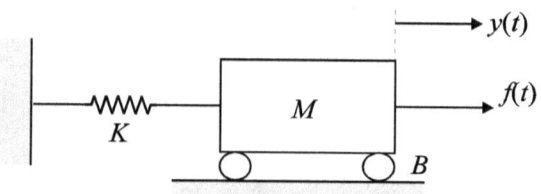

$$f(t) = M y'' + B y' + K y$$

b)

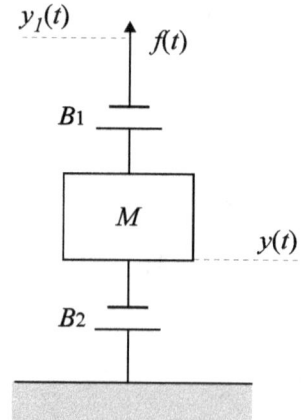

$$f(t) = (y_1'(t) - y'(t)) B_1$$

$$f(t) = M\,y'' + B_2\,y'$$

Entrada $f(t)$ salida $y(t)$ solo es necesaria esta última ecuación

c)

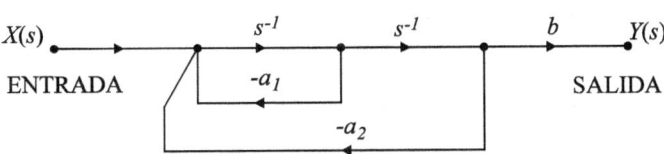

d)

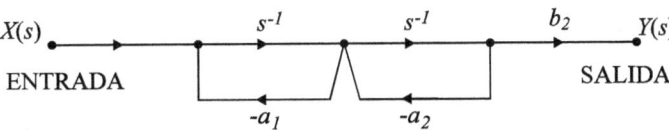

6.18.1. Problemas de Variables de estado

PROBLEMA 1 1

Las siguientes E D O representan sistemas lineales. Escribir las Ecuaciones Dinámicas (Entrada y salida) matricial.

a) $\qquad c''(t) + 3c'(t) + c(t) = r(t)$

b) $\qquad \dfrac{d^3 y(x)}{dx^3} + 6\,\dfrac{dy}{dx} + 5y(x) = r(x)$

PROBLEMA 1 2

Sean las ecuaciones de estado dada por

$$\dot{x}(\mathrm{t}) = A\,x(t) + B\,r(t)$$

Encontrar la matriz $\phi(t)$ para los casos:

a) $\qquad A = \begin{bmatrix} 0 & 1 \\ -1 & -2 \end{bmatrix} \qquad B = \begin{bmatrix} 1 \\ 1 \end{bmatrix}$

b) $\qquad A = \begin{bmatrix} 0 & 1 \\ -2 & -3 \end{bmatrix} \qquad B = \begin{bmatrix} 0 \\ 1 \end{bmatrix}$

c) $\qquad A = \begin{bmatrix} -2 & 0 \\ 0 & -2 \end{bmatrix} \qquad\qquad B = \begin{bmatrix} 10 \\ 1 \end{bmatrix}$

6.19. Solución a los problemas

SOLUCIÓN A PROBLEMA 1

Para este sistema

$$A = \begin{bmatrix} 0 & 1 \\ -2 & -3 \end{bmatrix}$$

La matriz $\phi\,(t)$ está dada por $\phi\,(t) = e^{At}$. Si recordamos que

$$\dot{x} = A\,x \qquad\qquad\qquad [1]$$

$$\phi\,(t) = e^{At}$$

$$x\,(t) = e^{At}\,x(0)\;\text{ Solución}$$

Transformando por Laplace la [1]

$$s\,X(s) - x(0) = A\,X\,(s)$$

Acomodando

$$(s\,I - A)^{-1}\,x(0)$$

$$X(s) = (sI - A)^{-1}\,x(0)$$

La Transformada por Laplace la solución

$$X(s) = L\,\{\phi\,(t)\}\,x(0)$$

Luego:

$$L\,\{\phi\,(t)\} = \phi\,(s) = (s\,I - A)^{-1}$$

Aplicando esta en nuestro caso

$$\phi\,(s) = (s\,I - A)^{-1} = \left[\begin{pmatrix} 1 & 0 \\ 0 & 1 \end{pmatrix} s - \begin{pmatrix} 0 & 1 \\ -2 & -3 \end{pmatrix} \right]^{-1}$$

$$\phi\,(s) = \begin{bmatrix} s & -1 \\ 2 & s+3 \end{bmatrix}^{-1}$$

$$\phi\,(s) = \begin{bmatrix} s+3 & -1 \\ -2 & s \end{bmatrix} \frac{1}{s\,(s+3)+2}$$

$$\phi\ (s) = \begin{bmatrix} \dfrac{s+3}{s^2+3\ s+2} & \dfrac{1}{s^2+3\ s+2} \\ \dfrac{-2}{s^2+3\ s+2} & \dfrac{s}{s^2+3\ s+2} \end{bmatrix}$$

Antitransformando cada término de $\phi(s)$ se llega a:

$$\phi\ (t) = \begin{bmatrix} 2e^{-t} - e^{-2t} & e^{-t} - e^{-2t} \\ -2e^{-t} + 2e^{-2t} & -e^{-t} + 2e^{-2t} \end{bmatrix}$$

SOLUCIÓN A PROBLEMA 2

1. $M\,y'' + B\,y' + K\,y = f(t)$

2. $y = x_1$

$$y'' = x_2 = \frac{f(t)}{M} - \frac{B}{M}y' - \frac{K}{M}y$$

$$y' = x_2$$

3.
$$\begin{bmatrix} x_1' \\ x_2' \end{bmatrix} = \begin{bmatrix} 0 & 1 \\ -K/M & -B/M \end{bmatrix}\begin{bmatrix} x_1 \\ x_2 \end{bmatrix} + \begin{bmatrix} 0 \\ 1/M \end{bmatrix} f(t)$$

$$y_{(t)} = \begin{bmatrix} 1 & 0 \end{bmatrix}\begin{bmatrix} x_1 \\ x_2 \end{bmatrix}$$

Hallando la Transformada de Laplace con condición iniciales nulas

$$(M\,s^2 + B\,s + K)\,y_{(s)} = F_{(s)}$$

luego:

$$\frac{Y(s)}{F(s)} = \frac{1}{M\,s^2 + B\,s + K}$$

4. El volumen es

$$V = C.\,H$$

C el área del tanque es constante.

Ecuaciones

$$Qe - Qs = C \frac{dH}{dt} \quad \text{(ver apéndice unidad 4)}$$

$$Qs = \frac{H}{R}$$

Luego

$$Qe - \frac{H}{R} = C \frac{dH}{dt}$$

Llamando

$$H = x_1$$

$$x_1 = -\frac{x_1}{RC} + \frac{Qe}{C}$$

$$[x_1'] = \left[-\frac{1}{RC}\right][x_1] + \left[\frac{1}{C}\right] \qquad \text{Estado}$$

$$H = [1][x_1] \qquad \text{Salida}$$

Transformado por Laplace

$$Qe(s) - \frac{H(s)}{R} = Cs\, H(s)$$

$$H(s)\left(\frac{1}{R} + Cs\right) = Cs\, H(s)$$

$$\frac{H(s)}{Qe(s)} = \frac{1}{1/R + Cs} = \frac{R}{1 + R\,Cs}$$

Es la Función de Transferencia.

Apéndice

6.20. Sistemas Mecánicos Traslacionales

Se verán tres elementos básicos: masa, resorte y amortiguador viscoso.

6.20.1. Masa

Se representa como se indica en la figura. Físicamente se interpreta como una cantidad de sustancia, asociándole un número positivo que indicamos con la letra "*M*".

Su unidad es el gramo [g], el kilogramo [Kg.] o UTM, en los sistemas CGS, MKS y técnico respectivamente.

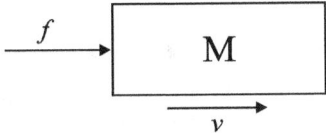

Las variables asociadas a la masa son la fuerza [*f*] aplicada y la velocidad [*v*] con respecto a una referencia fija y se relacionan mediante la fórmula:

$$f = M \frac{dv}{dt} = M v'$$

$$[\text{Fuerza}] = [\text{Masa } x \text{ aceleración}]$$

Si se considerara [*f*] como entrada y [*v*] como salida para encontrar la respuesta debida a cierta entrada es necesario conocer la velocidad en el momento en que se aplica la fuerza; es por ello que la velocidad inicial v_0 es una variable que representa el estado de movimiento de la masa en el instante inicial t_0.

A las fuerzas a la que se oponen las masas por su reacción al cambio de velocidad, se las denominan inerciales.

Al sistema con mucha masa se lo caracteriza diciendo que es un sistema "pesado".

6.20.2. Resorte

Este elemento se representa como:

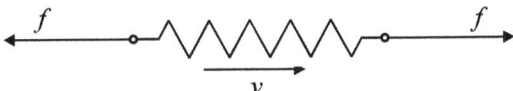

donde [*f*] es la fuerza aplicada entre los extremos y [*v*] la velocidad relativa de los extremos, [*k*] es la constante elástica (***Ley de Hooke***) del resorte.

La ley que relaciona estas variables son:

$$k \, v = \frac{df}{dt}$$

Es común relacionar la fuerza a la posición de los extremos del resorte como

$$f = k.e$$

Si se considera $[v]$ como entrada y $[f]$ como salida debe conocerse la fuerza inicial que ejerce el resorte f_0 en el instante de aplicar $[v]$.

Así, f_0 representa el estado del resorte en t_0 (una condición inicial).

6.20.3. Amortiguador

Es un elemento cuya representación se muestra:

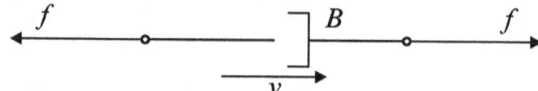

La relación de variables es:

$$f = B \ v$$

Donde B representa el valor del amortiguador, es un número positivo.

El elemento es amnésico, si se considera f como entrada y v como salida, el valor de $v(t)$ para $t > t_0$ no depende de los valores de fuerza previos a t_0.

6.21. Leyes del conjunto

En los sistemas mecánicos traslacionales, las leyes que relacionan las variables de los elementos interconectados son: *la tercera ley de Newton*, que dice, *"Si un elemento A ejerce una fuerza sobre otro elemento B, este ejerce una fuerza opuesta y de igual magnitud sobre el elemento A"*, además la suma de las velocidades relativas alrededor de una malla es cero.

Ejemplo 6.9.

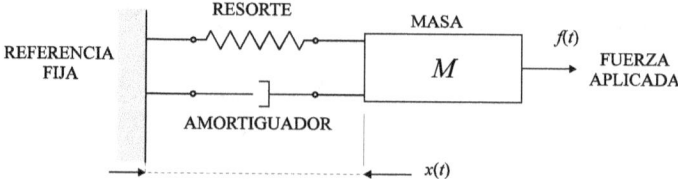

Se desea conocer el desplazamiento de la masa cuando se aplique una fuerza $f(t)$ a partir de $t = t_0$. Buscando el equilibrio de cada componente, se observa que la masa está soportando $f(t), f_R$ y f_B.

Además existe una fuerza inercial por la masa de

$$fi = M a = M \frac{dv}{dt}$$

La ecuación de balance o de equilibrio de fuerzas intervinientes es:

$$f(t) = fi + f_R + f_B$$

Excitación = fuerza inercia + fuerza amortiguante + fuerza antagónica

$$M \frac{dv}{dt} = f(t) - f_R - f_B \qquad\qquad \text{pues } fi = M \frac{dv}{dt}$$

Los otros elementos se configuran:

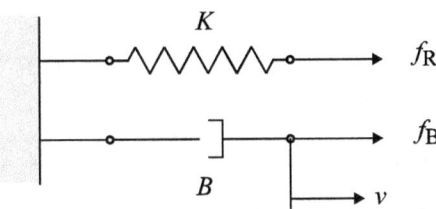

Para el resorte:

$$\frac{df_R}{dt} = K.v$$

Y para el amortiguador:

$$f_B = B.v$$

De las ecuaciones se construye el sistema de ecuaciones de primer orden:

$$\frac{dv}{dt} = -\frac{f_R}{M} - \frac{B\,v}{M} + \frac{f(t)}{M}$$

$$\frac{df_R}{dt} = K v$$

considerando:

$$v = \frac{dx}{dt}$$

y

$$x = \int_{t_0}^{t} v(t)dt$$

Llamando a

$$v(t) = x_1(t) = x_1$$
$$f_R(t) = x_2(t) = x_2 \quad \bigg| \text{variables de estado}$$

Resulta:

$$\dot{x}_1 = -\frac{B}{M}x_1 - \frac{1}{M}x_2 + \frac{f(t)}{M}$$

$$\dot{x}_2 = K\,x_1$$

Matricialmente:

$$\begin{bmatrix} x_1' \\ x_2' \end{bmatrix} = \begin{bmatrix} -B/M & -1/M \\ K & 0 \end{bmatrix} \begin{bmatrix} x_1 \\ x_2 \end{bmatrix} + \begin{bmatrix} 1/M \\ 0 \end{bmatrix} f(t)$$

Este sistema de ecuaciones diferenciales de primer orden se denominan: ***Ecuaciones de "estado" del sistema***.

La salida $v(t)$ puede obtenerse, también, matricialmente. Si

$$v(t) = x_1(t) = c(t)$$

$$c(t) = \begin{bmatrix} 1 & 0 \end{bmatrix} \begin{bmatrix} x_1 \\ x_2 \end{bmatrix}$$

que es la ***Ecuación de salida***.

Las ecuaciones, de ***estado*** y de ***salida***, determinan las ecuaciones "***dinámicas del sistema***".

Estos conceptos de "estado", "salida" y "dinámica" se pueden extender a otros sistemas, en particular los modelables por ecuaciones diferenciales totales.

6.22. Sistemas Hidráulicas y Neumáticos

Se suelen considerar como variables el ***flujo*** o ***gasto*** q y a la ***presión*** p. Los elementos que se describirán son: ***resistencia*** y ***capacitancia fluídicas***.

6.22.1. Resistencia Fluídica

El desplazar el fluido por una cañería con una estrangulación produce un salto de presiones P_1 y P_2 antes y después de la estrangulación que está linealmente vinculado con el flujo por la expresión:

$$q = 1/R \,.\, (P_1 - P_2)$$

donde R se denomina "***resistencia fluídica***", la representación usada es:

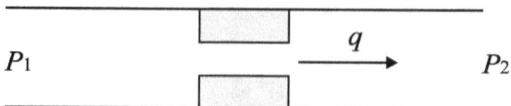

6.22.2. Capacitancia Fluídica

Se puede interpretar como un tanque que es llenado por un líquido, en cuyo fondo la presión aumenta al aumentar el volumen de líquido; también se puede representar por un tanque de gas cuya presión crece al incrementar el número de moles de gas almacenado en él.

Se suele graficar:

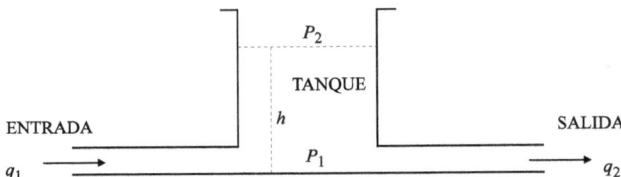

La ley que relaciona las variables es:

$$q_1 - q_2 = Cf \; \frac{d(P_1 - P_2)}{dt}$$

C_f es la capacidad fluídica.

El nivel del fluido es proporcional a la diferencia de presión $P_1 - P_2$. Sea

$$h = \frac{1}{a}(P_1 - P_2)$$

por lo que la ley del elemento suele escribirse:

$$\alpha \; C_f \frac{dh}{dt} = q_1 - q_2$$

h es el nivel del fluido en el tanque.

$\alpha \; C_f$ representa un área de la superficie de la base si es cilíndrico, si no es cilíndrico C es función de h.

$q_1 - q_2$ flujo entrante menos flujo saliente.

También esta ley se suele leer como flujo entrante menos flujo saliente es igual a lo que se acumula:

$$q_1 - q_2 = \frac{dv}{dt}$$

6.22.3. Leyes de Conjunto

1) La suma algebraica de los gastos en un modo es cero:

$$\sum_{i=1}^{n} q_i = 0$$

2) La suma algebraica de las caídas de presiones alrededor de una malla es cero:

$$\sum_{i=1}^{n} P_i = 0$$

Ejemplo 6.10.

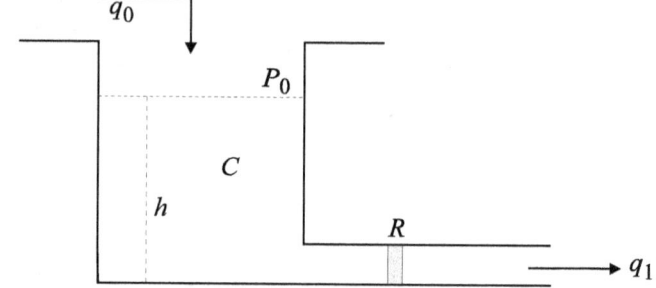

q_0 es la entrada y h la salida del sistema, las leyes de los elementos suministran las ecuaciones:

- Para la capacitancia:

$$q_0 - q_1 = C\frac{d(P_1 - P_0)}{dt}$$

- Para la resistencia:

$$q_1 = \frac{1}{R}\,(P_1 - P_0)$$

Sustituyendo resulta:

$$\frac{d(P_1 - P_0)}{dt} = -\frac{1}{CR}(P_1 - P_0) + \frac{1}{C}\,q_0$$

- La salida

$$h = \frac{1}{\alpha}\,(P_1 - P_0)$$

Si denominamos a

$$P_1 - P_0 = x_1 \ \ [\text{variable de "estado" } x_1]$$

Se puede escribir

$$\overset{\bullet}{x_1} = \left[-\frac{1}{CR} \right] x_1 + \left[-\frac{1}{C} \right] q_0$$

Llamada "***Ecuación de Estado***".

Además

$$h = \left[\frac{1}{\alpha} \right] x_1$$

formaría la "***Ecuación de Salida***".

Si se conectan dos tanques en cascada, las matrices resultarán de mayor dimensión, generando ecuaciones matriciales de n x n con n mayor que 2.

6.23. Sistemas Eléctricos

Las variables de interés son las ***tensiones, corrientes***; ***flujo***, y ***carga***.

Existen muchos componentes eléctricos, nosotros presentaremos los más simples: resistencia, capacitancias e inductancias y las variables asociadas tensión y corriente.

6.23.1. Resistencias

La representación gráfica de este elemento es la indicada.

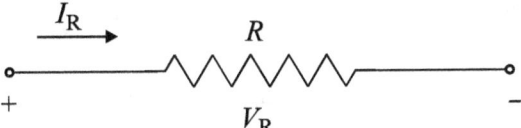

v_R representa la caída de tensión en el elemento.

i_R es la corriente a través de él.

La ley que relaciona las variables es la ***Ley de Ohm***:

$$v_R = i_R \ R$$

Si se toma i_R como entrada y v_R como salida, se observa que el elemento es lineal.

6.23.2. Capacitancia o Capacitor

Se representa:

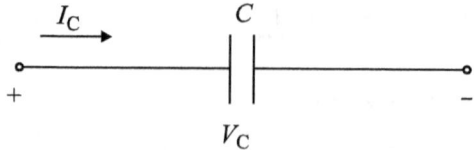

La ley que relaciona la corriente que circula a través del elemento i_R con caída de tensión v_R es:

$$i_C = C \frac{dv_C}{dt}$$

donde C es el valor de la capacidad.

Si se considera a i_C como entrada y v_C como salida, la relación que las vincula es:

$$v_C = \frac{1}{C} \int_{t_0}^{t_1} i_C(t)\, dt$$

Es indispensable conocer la condición inicial

$$v_C(t) = v_{OC}$$

Se puede, resumidamente, decir que v_C representa el "estado" del capacitor.

6.23.3. Inductancia o Inductor

Se representa:

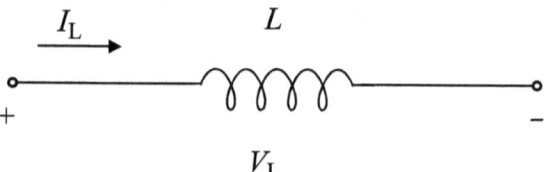

Las variables están relacionadas por:

$$v_L = L \frac{di_L}{dt}$$

donde L es el valor de la inductancia

Se puede observar que si:

$$i_L(t) = \frac{1}{C} \int_{t_0}^{t} v_L(t)\, dt$$

$i_L(t_0)$ representa el valor de la corriente inicial o "estado" del inductor.

6.23.4. Leyes de conjunto

Estas relacionan las variables de los diversos elementos y son las ***Leyes de Kirchoff***.

1. **Ley de corriente**: La suma algebraica de las corrientes que llegan a un nodo debe ser nula.

$$\sum_{j=1}^{n} i_j = 0$$

2. **Ley de tensiones**: La suma algebraica de las caídas de tensiones alrededor de una malla cerrada debe ser cero.

$$\sum_{j=1}^{n} v_j = 0$$

Ejemplo 6.10.

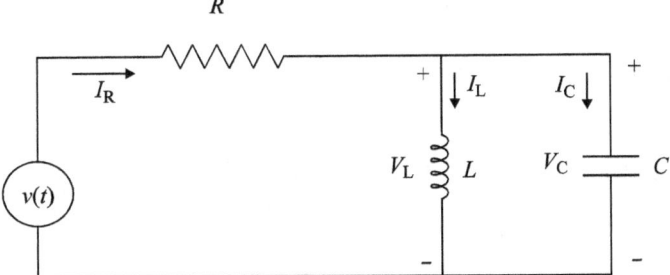

Se desea como salida a i a partir de cierto instante $t = 0$. Las leyes de los elementos permiten relacionar:

$$v_R = i_R \, R$$

$$i_C = C \, \frac{dv_C}{dt}$$

$$v_L = L \, \frac{di_L}{dt}$$

Aplicando las leyes del conjunto se deducen las ecuaciones que relacionan a los elementos.

$$v(t) = v_R + v_L$$

$$v_C = v_L$$

$$i_C = i_L + i_R$$

Manipulando las ecuaciones para eliminar toda variable a excepción de i_L, v_C y $v(t)$, se obtiene:

$$v(t) = i_R \, R + v_C = (\, i_C + i_L \,) \, R + v_C$$

$$v(t) = R \, C \, \frac{dv_C}{dt} + i_L \, R + v_C$$

$$v_C = L \frac{di_L}{dt}$$

Si llamamos a $v_C = x_1$ y a $i_L = x_2$ resulta:

$$\dot{x}_1 = -\frac{1}{CR} x_1 - \frac{x_2}{C} + \frac{1}{RC} v(t)$$

$$\dot{x}_2 = \frac{1}{L} x_1$$

$$i_R = \frac{v_R}{R} = \frac{v(t) - v_L}{R} = \frac{v(t) - v_C}{R}$$

$$i_R = -\frac{x_1}{R} + \frac{v(t)}{R}$$

Matricialmente:

$$\begin{bmatrix} \dot{x}_1 \\ \dot{x}_2 \end{bmatrix} = \begin{bmatrix} -\dfrac{1}{RC} & -\dfrac{1}{C} \\ \dfrac{1}{L} & 0 \end{bmatrix} \begin{bmatrix} x_1 \\ x_2 \end{bmatrix} + \begin{bmatrix} \dfrac{1}{RC} \\ 0 \end{bmatrix} v(t)$$

$$i_R = \begin{bmatrix} -\dfrac{1}{R} & 0 \end{bmatrix} \begin{bmatrix} x_1 \\ x_2 \end{bmatrix} + \left(\dfrac{1}{R} \right) v(t)$$

que es la ***Ecuación Dinámica del Sistema***

7

Plano de Fase

7.1. Sistemas Autónomos

Aunque las ecuaciones de un modelo dinámico en general dependen del tiempo, de la entrada $u(t)$ o de ambos, una gran parte de la teoría de sistemas no lineal es establecida como casos donde la ecuaciones no poseen dependencia del tiempo, ya sea de entradas (como relaciones temporales) o del tiempo. *Tales sistemas son denominados autónomos* y estos se presentan en la práctica donde por ejemplo el vector de entrada es fijo o constante.

Algo parecido pero más complicado sucede cuando entradas polinomiales, exponenciales o senoidales aparecen y pueden también incluirse en la categoría de "autónomos" en consideración una generalización de sistema como entrada constantes.

En la mayoría de los casos, la ecuación diferencial para el vector de estado viene dada como:

$$\dot{x} = f(x, \hat{u})$$

donde $\hat{u}$ es un vector constante, que además puede ser ajustado, siendo posible conocer como estos valores afecten al comportamiento del sistema.

Los puntos de equilibrio en el espacio de estado son los valores $\hat{x}$ tal que satisfagan para las condiciones iniciales que:

$$f(\hat{x}, \hat{u}) = 0$$

Las soluciones (si existen) en general dependen en valor y multiplicidad de $\hat{u}$. Luego si el modelo es linealizado sobre un punto de equilibrio en particular las condiciones serán dadas sobre $\hat{x}$ y sobre $\hat{u}$, las matrices de los coeficientes del sistema lineal resultan depender de los valores elegidos para estos vectores.

Considerando que $f(x, \hat{u})$ satisface a Liptchitz, las ecuaciones diferenciales para $x(t)$ poseen una solución única, para cualquier valor inicial de $x(0)$.

El camino trazado sobre el espacio de estado por $x(t)$ es denominado "trayectoria" del sistema y como la propiedad es poseer solución única, las trayectorias no pueden cortarse, por un punto solo pasa una trayectoria. En caso de n puntos de equilibrio, la correspondiente trayectoria degenera sobre el punto mismo, con lo que muchas veces se denomina como "punto singular" (PS).

Si eliminamos la dependencia de $\hat{u}$, considerando al vector de entrada fijo (o nulo) las ecuaciones del sistema autónomo se simplifican como:

$$\dot{x} = f(x)$$

y el conjunto de todas las trayectorias de la ecuación provee una representación geométrica completa del comportamiento dinámico del sistema bajo las condiciones especificadas.

Esto es muchas veces referido como "el plano de fase" aunque estrictamente hablando, este término proviene de un tipo particular de espacio de estado en que la ecuación toma la forma:

$$\dot{x}_1 = x_2$$
$$\dot{x}_2 = x_3$$
$$\vdots$$
$$\dot{x}_{n-1} = x_n$$
$$\dot{x}_n = \phi(x_1, x_2, \dots x_n)$$

donde todo funcional no trivial está contenido en ϕ y los componentes del vector de estado se denominan "fases variables".

Sin especular mucho con los cambios introducidos por el uso de las nuevas representaciones, continuaremos empleando el término de *"plano de fase"* especialmente para describir sistemas de segundo orden donde el espacio de estado es justamente un plano.

Para casos de mayor orden es muy dificultoso visualizarlos.

El hecho que las trayectorias no puedan cortarse imponen restricciones a los diagramas bidimensionales. La mayoría de los sistemas se los aproxima por medio de representaciones usando solo dos variables de estado.

7.2. Puntos de Equilibrio

Los puntos de equilibrio de sistemas autónomos vienen dados por $f(x) = 0$ y se los denominan también puntos singulares porque aparentemente violan la regla general donde una trayectoria puede pasar solo por un punto.

Esta violación es solo aparente ya que en realidad las trayectorias no pasan por el punto singular sino que se aproximan o salen de el asintóticamente, dependiendo de las propiedades de la estabilidad del equilibrio.

Asumiendo que $f(x)$ es pequeño al realizar la linealización alrededor del punto singular $\hat{x}$ la aproximación lineal esta dada por:

$$f(x) = f(\hat{x}) + \frac{\delta f(x)}{\delta x}\bigg|_{x=\hat{x}} (x - \hat{x}) = J_x[f(x)]_{x=\hat{x}}.\Delta x$$

$$\frac{d(\Delta x)}{dt} = A.\Delta x$$

donde

$$A = \nabla_x . f(x) = J_x f(x)$$

Supuesta A no singular, esta aproximación es suficiente para determinar el comportamiento de la trayectoria en una aproximación del punto de equilibrio.

Además si A es no singular, sus autovalores definen el "tipo" de punto singular ya sea nudo, foco, silla o centro.

7.3. El plano de fase

Los sistemas de segundo orden, se pueden estudiar con éxito por medio del plano de fase, mas allá de ser un método válido como instrumento de control, se pretende explorar las novedades que los sistemas no lineales puedan exhibir

Considerando al sistemas descripto por:

$$x'' + f(x') + g(x,x') = 0$$

Y sean x_1, x_2 las nuevas variables de estado definidas como:

$$x_1 = x$$

$$x_2 = x'$$

Luego:

$$x'' = -f(x_2) - g(x_1, x_2)$$

$$x'' = x_2' = \frac{dx_2}{dx_1} \cdot \frac{dx_1}{dt} = \frac{dx_2}{dx_1} . x_2$$

Por lo tanto se puede transformar al sistema como:

$$\frac{dx_2}{dx_1} = -\frac{f(x_2) + q(x_1, x_2)}{x_2} \qquad \forall \, x_2 \neq 0$$

Las soluciones corresponden a curvas en el plano (x_1, x_2), que se denominan "trayectorias de fase", la elección de una trayectoria dada depende de las condiciones iniciales.

Al pasar el tiempo el punto representativo del estado del sistema recorre una trayectoria.

Se puede obtener las ecuaciones de primer orden:

$$x_1' = x_2$$
$$x_2' = -f(x_2) - g(x_1, x_2)$$

El plano (x_1, x_2) *plano de fase* es entonces un espacio de estado del sistema de estudio.

Observación

Cuando las ecuaciones diferenciales originales del sistema pueden ser transformadas en un sistema de n ecuaciones para cada derivada x'_i, entonces el espacio de estado tiene n dimensiones y n coordenadas x_i.

Ejemplo 7.1.

Sea un péndulo sin fricción; con oscilaciones en torno del punto de equilibrio, descripto por:

$$x'' + \omega_o^2 x = 0$$

la posición del péndulo está definida por las variables:

$$x_1 = x \qquad\qquad x'_2 = -\omega_0^2 x_1$$

$$x_2 = x' \qquad\qquad x'_1 = x_2$$

$$\frac{x'_2}{x'_1} = \frac{-\omega_0^2 x_1}{x_2} \quad\Rightarrow\quad x_2 x'_2 = -\omega_0^2 x_1 x'_1$$

le buscamos solución:

$$\int x_2 \, dx_2 = -\omega_0^2 \int x_1 \, dx_1$$

$$x_2^2 = -\omega_0^2 x_1^2 + C'_1$$

ó

$$x_2^2 + \omega_0^2 x_1^2 = C'_1$$

C_1' es una constante que depende de las condiciones iniciales, esto es posición $x_1(0)$ y velocidad $x_2(0)$ del péndulo. Por lo tanto en el plano de fase las soluciones de las ecuaciones de estado, son elipses parametizadas por las condiciones iniciales, (la posición y velocidad inicial del péndulo).

Recordando que la solución de la ecuación es del tipo:

$$x(t) = x_{10} \, sen(\omega_0 t + \phi) = x_1(t)$$

$$\dot{x}(t) = x_{20} \, cos(\omega_0 t + \phi) = x_2(t)$$

Se concluye que mientras la trayectoria recorre una elipse en el plano (x_1, x_2), $x_1(t)$ y $x_2(t)$ describen senoides en el plano (x_1, t) y (x_2, t).

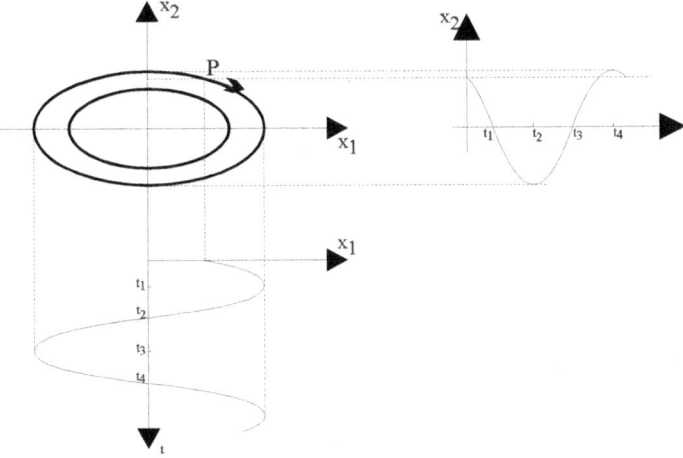

Figura 7.1 - Trayectoria en el plano de fase- Posición y velocidad

El sentido de la trayectoria en el plano (x_1,x_2) debe deducirse de la ecuación. Si estaba en el punto P resulta $x_2>0$ entonces será $x'_1 >0$ luego $x1$ es creciente y se desarrolla hacia la derecha.

Ejemplo 7.2

Sistema mecánico de masa m, constante elástica k y fricción de Coulomb fo; y sea la ecuación que lo vincula como:

$$m x'' + k x \pm f_o = 0$$

siendo: negativo (-) para $x' < 0$ y positivo (+) para $x' > 0$ en que x es la posición del cuerpo de masa m medido a partir en que la masa opone fuerza nula.

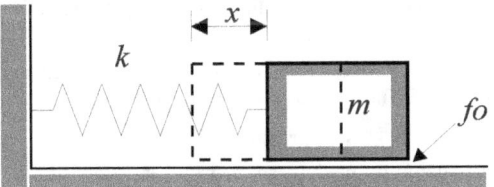

Figura 7.2 - Modelo de masa resorte fricción

Llamando

$$X \triangleq x - a \text{ para } x' < 0$$

$$X \triangleq x + a \text{ para } x' > 0$$

$$a \triangleq \frac{f_o}{k} \quad \omega = \sqrt{\frac{k}{m}}$$

la ecuación se transforma en:

$$X'' + w^2 X = 0$$

La solución es como en el primer ejemplo una familia de elipses de centro en el origen

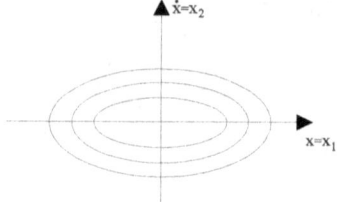

Figura 7.3 - Centro - Dinámica sin amortiguamiento

Para volver a la variable x hay que distinguir

a) $X'=x'<0$ y $x=X+a$

por lo tanto las curvas en x son las en X desplazadas a la derecha.

b) $X'=x'>0$ y $x=X-a$ [ídem a la izquierda] ver figura 7.5

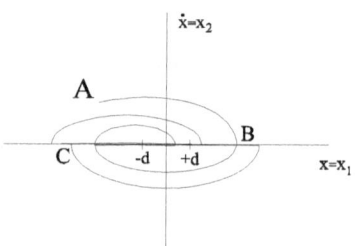

Figura 7.4 - Foco - Dinámica con amortiguamiento

Si el sistema es abandonado con deslocamiento y velocidad inicial dados por el punto A, recorre un trecho de elipse hasta B, después por otra elipse hasta C, etc.

Si el punto B o C u otro, cae dentro del segmento *[-a,a]* ocurre que la velocidad es nula y la aceleración depende de las fuerzas puestas en juego que son:

a) Fuerza de fricción seca *fo* porque $x' = 0$

b) Fuerza de deformación del resorte *kx;* que es menor que *ka =fo*.

Por lo tanto la fuerza del resorte será insuficiente para vencer la fricción *fo*, el cuerpo *m* está quieto y el resorte *k* bajo tensión, y el sistema permanece así indefinidamente.

Ejemplo 7.3

Sea un S.L.I.T. con función de transferencia del error:

$$\frac{E(s)}{R(s)} = \frac{s(s+a)}{s(s+a)+ka}$$

La ecuación diferencial correspondiente es

$$\ddot{e} + a\dot{e} + ake = \ddot{r} + a\dot{r}$$

si $r''+ar'$ fuese nulo, puede estudiarse este sistema en el plano de fases *(e, e')* y queda:

Caso de $r(t)=u(t)$ y $e(0)=1$ con $e'(0) = 0$

además $x=e$ y como $r'=r''=0$ para $t > 0$

$$x''+ax'+akx=0$$
$$x(0^+)=1$$
$$x'(0^+)=0$$

Caso de $r(t) = t.u(t)$ con $\qquad e(0^+)=0$

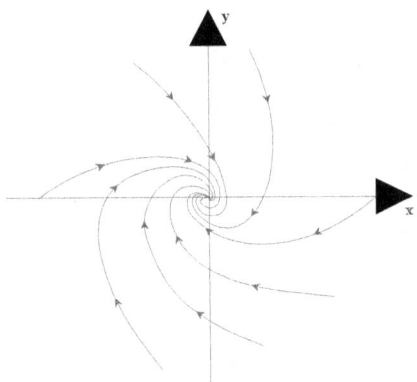

Figura 7.5 - Foco Estable

Sea:

$$x = e - \frac{1}{k}$$

como $r'' = 0$ y $r' = 1$ queda:

$$x''+ax'+akx=0$$
$$x(0^+)=-\frac{1}{k}$$
$$x'(0)=1$$

La figura 6 muestra el aspecto general de las trayectorias en el plano de fase. La diferencia entre los casos de que $r(t)$ sea un escalón o sea una rampa consiste solamente en las condiciones iniciales.

7.4. Construcción de las trayectorias

Los métodos obvios, pero de difícil ejecución consisten en resolver las ecuaciones diferenciales y transportar las soluciones al plano de fase. Especialmente cuando las ecuaciones son no lineales es eficiente construir aproximadamente las trayectorias.

Se presentan los métodos de las **isoclinas** y la construcción de **Lienard,** (el método delta y de las isoclina está tratado en **Katsuhiko Ogata**, *Ingeniería del Control Moderna 1ra Ed.* entre otros autores y es recomendable su lectura).

7.4.1. Método de las isoclinas

Isoclina es el lugar geométrico del plano (x_1,x_2) donde la pendiente de la trayectoria solución de la ecuación diferencial es constante.

El método consiste en obtener primero la ecuación algebraica de la isoclina (de pendiente genérica α) después dibujar las isoclinas correspondientes a diversos valores de tal forma que la región de interés en el plano sea razonablemente explorada por las isoclinas.

Dado un punto inicial, se construye una aproximación a la trayectoria correspondiente trazando pequeños segmentos de recta con pendiente α figura 7.6

La ventaja de este método es que, en general, la ecuación de la isóclina es obtenida sin integrar ecuación diferencial alguna.

La desventaja, es la posible acumulación de errores difícil de detectar por construir la trayectoria por segmentos.

Sea la ecuación de un sistema de la forma:

$$x'_1 = x_2$$

$$x'_2 = -f(x_2) - g(x_1, x_2)$$

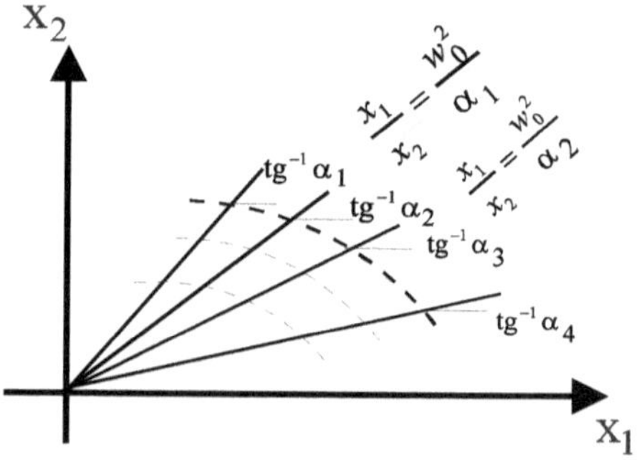

Figura 7.6 - Método de las isoclinas

Siendo

$$x'_1 = \frac{dx_1}{dt}$$

y

$$x'_2 = \frac{dx_2}{dt}$$

$$\frac{dx_2}{dx_1} = \frac{x'_2}{x'_1} = \alpha \qquad \text{pendiente de la trayectoria en } (x_1, x_2)$$

Luego

$$\alpha = -\frac{f(x_2) + g_1(x_1, x_2)}{x_2} = cte \quad \text{(ecuación de las isoclinas)}$$

Ejemplo 7.4.

Sea el sistema lineal representado por:

$$x'' + w_o^2 x = 0$$

definiendo:

$$x_1 = x \qquad\qquad x'_1 = x_2$$

$$x_2 = x'_1 = x' \qquad\qquad x'_2 = -\omega_0^2 x_1$$

$$\alpha = \frac{-\omega_0^2 x_1}{x_2}$$

o sea

$$x_2 = \frac{-\omega_0^2}{\alpha} x_1$$

es un conjunto de rectas que pasan por el origen y de pendiente

$$\frac{-\omega_0^2}{\alpha}$$

La trayectoria partiendo de un punto A, tiene inicialmente la pendiente de la isóclina que pase por A, sea α_1 luego con una recta de pendiente α_1 hasta que corte a la recta de pendiente α_2 y así se prosigue.

El sentido del movimiento se deduce siempre del signo algebraico de en cada punto del plano. Como ya se discutió anteriormente; tal sentido puede ser analizado por medio de las ecuaciones del plano de fase.

Por ejemplo, en el punto A; $x_2 > 0$ luego $x'_1 = x_2 > 0$ es decir x_1 es creciente.

Ejemplo 7.5.

Sea el sistema dinámico no lineal (péndulo en el campo gravitacional).

$$x'' = g\ \operatorname{sen} x = 0$$

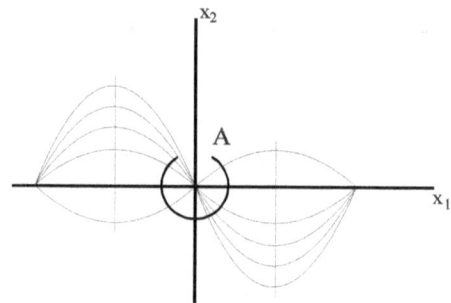

Figura 7.8. Isoclinas del péndulo

La ecuación de la isoclina es:

$$\alpha = \frac{-g\ \operatorname{sen}(x_1)}{x_2}$$

por lo tanto

$$x_2 = \frac{-g(\operatorname{sen}\ x_1)}{\alpha}$$

Las curvas isoclinas de este sistema son senoides de argumento x_1 y de amplitud variable con el coeficiente a α, figura 7.5.

La construcción gráfica de las trayectorias resultan elipses.

7.5. Cálculo de los tiempos de paso

Es simple obtener estimativas gráficas del tiempo necesario para el punto representativo del sistema dinámico desde el punto A al B de una trayectoria (No hay puntos singulares en AB).

De la primera ecuación se tiene:

$$dt = \frac{dx_1}{x_2}$$

luego

$$tAB = \int_A^B dt = \int_{x_1(A)}^{x_2(B)} \frac{1}{x_2}\ dx_1$$

Como x_2 es obtenido del plano de fase, para cada $x1$ es posible calcular tA,B integrando gráficamente la función

$$\frac{1}{x_2}$$

entre $x_1(0)$ y $x_1(t)$.

En la figura 10 se ve que tA,B es numéricamente el área rayada. Obviamente, la precisión de la aproximación es pequeña si $x_2 \cong 0$. En este caso si la trayectoria va de A a B siendo ambos próximos. Se puede estimar tAB como: La aceleración media entre A y B:

$$x'_{2AB} = \frac{x_{2B} - x_{2A}}{t_{AB}} \text{ AB}$$

de la ecuación como $x_2 \cong 0$ resulta:

$$x'_{2AB} \cong -f(0) - g(x_{1A},0)$$

por lo tanto:

$$t_{AB} \cong \frac{x_{2A} - x_{2B}}{f(0) + g(x_{1A},0)}$$

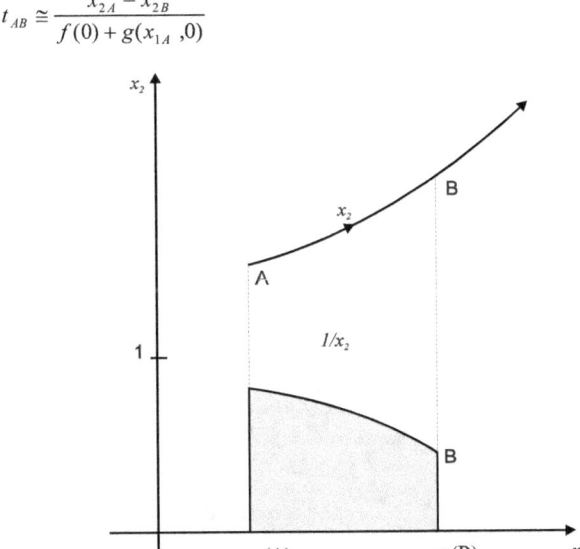

Figura 7.9. Tiempo de paso

7.6. Análisis de las trayectorias

Lo tratado anteriormente, permite la construcción gráfica de las trayectorias, escogiendo un punto de partida y es natural que el conocimiento de la dinámica del sistema aumente con el número de trayectorias diferentes establecidas, y a pesar que la eficiencia del método es mucho mayor cuando se presta atención a las peculiaridades como: localización y clasificación de los puntos singulares, y los ciclos límites.

Considerando el sistema dinámico

$$\dot{x}_1 = f_1(x_1, x_2)$$

$$\dot{x}_2 = f_2(x_1, x_2)$$

Se denominan puntos singulares o de equilibrio los puntos $(\overline{x}_1, \overline{x}_2)$ en que $f_1(.)$ y $f_2(.)$ se anulan simultáneamente. Físicamente es el punto representativo del sistema donde posee o tiende a velocidad nula y aceleración nula, por lo tanto no se mueve.

En un sistema *lineal*, hay solo un punto de equilibrio en sistemas *autónomos*, y es el origen del plano de fase.

Si el sistema lineal no es autónomo, puede considerarse una transformación de coordenadas que lleva a cada punto de equilibrio al origen;

$$z_1 \triangleq x_1 - \overline{x}_1$$

$$z_2 \triangleq x_2 - \overline{x}_2$$

como

$$\dot{z}_1 = \dot{x}_1$$

y

$$\dot{z}_2 = \dot{x}_2$$

el sistema se transforma en

$$\dot{z}_1 = f_1(z_1 + \overline{x}_1, z_2 + \overline{x}_2) \triangleq F_1(z_1, z_2)$$

$$\dot{z}_2 = f_2(z_1 + \overline{x}_1, z_2 + \overline{x}_2) \triangleq F_2(z_1, z_2)$$

con:

$$F_1(0,0) = F_2(0,0) = 0$$

Desarrollando las funciones $F_1(.)$ y $F_2(.)$ en serie de Mc Laurin en la proximidad del origen del nuevo plano de fase, bajo la hipótesis que existen las derivadas parciales necesarias, se tiene:

$$F_1(z_1, z_2) = F_1(0,0) + \frac{\delta F_1}{\delta z_1}\bigg|_0 z_1 + \frac{\delta F_1}{\delta z_2}\bigg|_0 z_2 \frac{\delta^2 F_1}{\delta z_1 \delta z_2}\bigg|_0 z_1 z_2 + \cdots$$

$$F_2(z_1, z_2) = F_2(0,0) + \frac{\delta F_2}{\delta z_1}\bigg|_0 z_1 + \frac{\delta F_2}{\delta z_2}\bigg|_0 z_2 + \cdots$$

Suponiendo muy pequeños los términos de derivadas de orden mayor que uno, y z_1 ; z_2 pequeños se tiene, llamando de a_{ij} las derivadas de primer orden:

$$F_1(z_1, z_2) \cong a_{11} z_1 + a_{12} z_2$$

$$F_2(z_1, z_2) \cong a_{21} z_1 + a_{22} z_2$$

Que es un sistema lineal, aproximadamente igual al sistema original en las proximidades del punto de equilibrio $(\overline{x}_1, \overline{x}_2)$.

Como se sabe de la teoría de los sistemas lineales, la solución depende esencialmente de los autovalores λ_1 y λ_2 de la matriz $(a_{ij}) = A$, estos son raíces de la ecuación característica:

$$|\lambda I - A| = 0$$

Además existe una transformación de variables $(z_1, z_2) \rightarrow (\overline{z}_1, \overline{z}_2)$ que vuelve más simple la forma de la solución hallada.

Se trata de una transformación canónica.

Como solución, en términos de las nuevas variables se tiene: λ_1 y λ_2 reales distintos

$$\overline{z}_1(t) = \overline{z}_1(0) e^{\lambda_1 t}$$

$$\overline{z}_2(t) = \overline{z}_2(0) e^{\lambda_2 t}$$

Si $\lambda_1 = \lambda_2 = \lambda$ real

$$z_1(t) = z_1(0) e^{\lambda_1 t}$$

$$z_2(t) = z_2(0) \, t \, e^{\lambda_2 t} + z_1(0) \, e^{\lambda t}$$

Si λ_1 y λ_2 son complejas conjugadas expresadas como $\alpha \pm j\beta$ resulta:

$$z_1(t) = e^{\alpha t} \left(\overline{z}_1(0) \cos \beta \; t - \overline{z}_2(0) \, \text{sen} \, \beta \; t \right)$$

$$z_2(t) = e^{\alpha t} \left(\overline{z}_2(0) \cos \beta \; t - \overline{z}_1(0) \, \text{sen} \, \beta \; t \right)$$

El aspecto general de las trayectorias asociadas a los casos de arriba varía en forma bien marcada por eso en estos casos los puntos singulares reciben nombres como: *focos, nodos, sillas, estrellas.*

Además de esto, los sentidos de desplazamiento de los puntos del sistema sobre la trayectoria depende de la estabilidad del sistema: los autovalores λ_1 y λ_2 a parte real negativa corresponden a estabilidad por lo tanto el desplazamiento es hacia el origen del plano de fases.

Ejemplo 7.6

Sea el sistema péndulo con fricción viscosa

$$x'' + k\,x' + \operatorname{sen} x = 0$$

Pasando a variables de estado se tiene:

$$x = x_1 \qquad\qquad\qquad x' = x_2$$

$$x_1' = x_2 \qquad\qquad\qquad x_2' = -k\,x_2 - \operatorname{sen} x_1$$

Los puntos de equilibrio están definidos por:

$$x_2 = 0$$

$$-k\,x_2 - \operatorname{sen} x_1 = 0 \quad \rightarrow \quad \operatorname{sen} x_1 = 0$$

Considerando un entorno del punto de equilibrio $(0,0)$ que representa bien el comportamiento dinámico próximo de los puntos $(0, n\pi)\,\operatorname{sen} x_1 \cong x_1$.

Por lo tanto el sistema lineal para clasificar los puntos de equilibrio son

$$x_1' = x_2$$

$$x_2' = -x_1 - k\,x_2$$

cuyos autovalores

$$\lambda_{12} = -\frac{k}{2} \pm \sqrt{\frac{k^2 - 4}{4}}$$

Los siguientes son posibles dependiendo de k

$k = 0$	Centro
$-2 < k < 0$	Foco inestable
$0 < k < 2$	Foco estable
$k > 2$	No estable
$k < -2$	No inestable
$k = 2$	Estrella estable
$k = -2$	Estrella inestable

7.7. Clasificación de los puntos de equilibrio

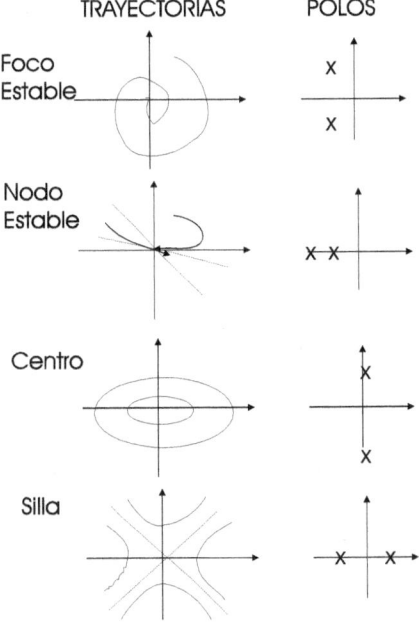

Figura 7.10

7.8. Ciclos límites

En los sistemas no lineales, pueden aparecer oscilaciones sustentadas de frecuencia y amplitud fija, independiente de las condiciones iniciales, por lo tanto son oscilaciones determinadas apenas por las propiedades estructurales del sistema.

Tales oscilaciones están asociadas a trayectorias cerradas en el plano de fase y se denomina del tipo **ciclo límite.**

Para una comprensión más completa del concepto de ciclo límite considérense los siguientes ejemplos:

1. Sea el sistema lineal, oscilador armónico:

$$x''+x=0$$

Fue visto al comienzo de este apéndice, las trayectorias descriptas por este sistema correspondiente a cualquier condición inicial son elipses de centro en el origen del plano de fase. Se puede constatar que:

* Toda condición inicial da una solución periódica.

* El número de soluciones periódicas es infinito y las elipses cubren el plano de manera continua

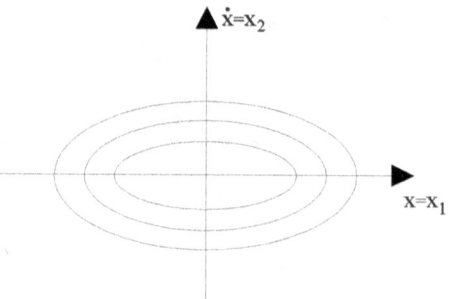

Figura 5.11. Centro

2.   Sea el sistema de segundo orden:

$$\dot{r} = 1 - r^2 \qquad\qquad\qquad r(0) = r_0$$

$$\dot{\phi} = 1 \qquad\qquad\qquad\qquad \phi\,(0) = \phi_0$$

en que r y ϕ son las coordenadas polares. La solución de este sistema es:

$$r(t) = \frac{A\,e^{2t} - 1}{A\,e^{2t} + 1}$$

Donde

$$A = \frac{1 + r_0}{1 - r_0} \qquad\qquad\qquad r_0 \neq 1$$

Si $r_o = 1$ se indetermina A, se puede levantar:

$$r(t) = lim_{r_o \to 1}\frac{\dfrac{1 + r_0}{1 - r_0}e^{2t} - 1}{\dfrac{1 + r_0}{1 - r_0}e^{2t} + 1} = 1$$

$$\phi\,(t) = \phi_0 + t$$

Se verifica que hay una única solución periódica correspondiente a $r_0 = 1$. Las otras soluciones se aproximan a ella para $t \to \infty$, Figura 7.12.

Comparando los ejemplos, se verifican algunas diferencias: del punto de vista gráfico, el plano de fase, ambos ejemplos presentan trayectorias *cerradas*.

A- Figura 7.11: las oscilaciones son independientes de las condiciones iniciales. Cada condición inicial le corresponde una elipse determinada, se denomina *centro* a esta forma de trayectoria.

B- Figura 7.12 se denominan *ciclos límites* a cualquier trayectoria *cerrada* y *aislada* en el plano de fase donde para cualquier condición inicial las soluciones se aproximan a ella para el tiempo que tiende a infinito.

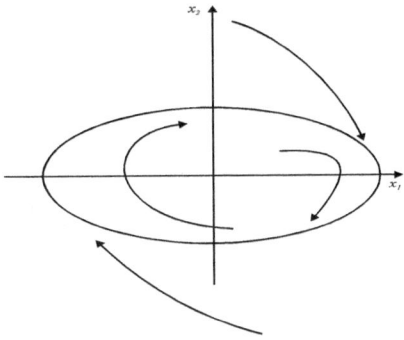

Figura 7.12. Ciclos límites

Es obvio que la determinación de ciclos límites no es tarea fácil a partir de las soluciones de las ecuaciones.

Las soluciones numéricas por otro lado, son siempre aproximadas y así mismo cuando indican ciclo límite dejan cierto margen de incertidumbre.

Algunos teoremas son útiles en estos casos, que solo enunciaré, dejando su demostración para la literatura de Bibliografía a fin de no extender demasiado el presente tema.

Dado que una trayectoria límite es de por si una órbita periódica, en vez de un punto de equilibrio, a este tipo de estabilidad se la denomina estabilidad orbital.

En el caso de centros que presentan también soluciones periódicas pero no son ciclos límites se suelen denominar neutralmente estables.

7.9. Problemas

PROBLEMA 1

Dibujar el plano de fase para:

$$\dot{x}_1 = x_1 + x_2$$
$$\dot{x}_2 = 2\,x_1 + x_2$$

PROBLEMA 2

Dibujar el Plano de Fase de:
$$\ddot{x} + \dot{x} + |x| = 0$$

PROBLEMA 3

Dibujar el plano de fase de:

$$\dot{x}_1 = x_2$$
$$\dot{x}_2 = -k - x_1 + (1 - x_1)^{-3}$$

PROBLEMA 4

Ídem.

$$\ddot{\theta} + \dot{\theta} + \sen\theta = 0$$

PROBLEMA 5

Van der Pol

$$\ddot{x} = \varepsilon\,(1-x^2)x + x = 0$$

PROBLEMA 6

Obtener la trayectoria que representa al respuesta del sistema sometido a $r(t)$.

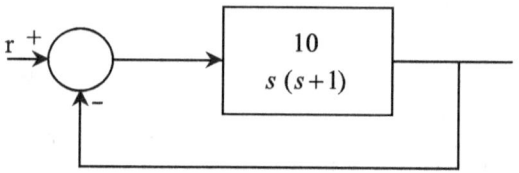

$$r\,(t) = R_1\,\mu\,(t) + R_2\,\mu\,(t-\tau) + R_3\,\mu\,(t-2\,\tau)$$

PROBLEMA 7

Trazar el plano de fase e-e' cuando $k = 0$ y $k = 1$. Se supone que $r(e) = 0$ para $t > 0$ y que el sistema esta sometido solo a la condición inicial.

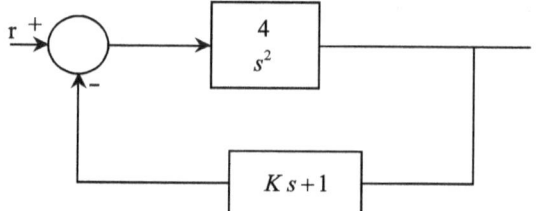

PROBLEMA 8

Trazar el plano de fase del sistema cuando $\Delta = 0$ y $\Delta = 0.1$. Considerar $r\,(t) = \mu\,(t)$.

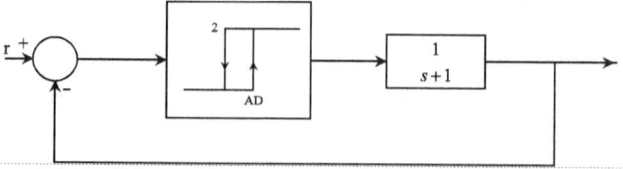

PROBLEMA 9

Sea el sistema

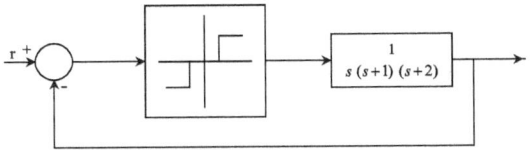

Se pide: trazar las trayectorias por el método de las isoclinas

PROBLEMA 10

Trazar las trayectorias por el método de las isoclinas de:

$$\ddot{x} + x\,\dot{x} + x = 0$$

a partir de

$$\dot{x} = 3$$

$$x = 0$$

PROBLEMA 11

Clasificar el punto crítico, o de equilibrio (0,0) y determinar la estabilidad de:

a) $\quad \dot{x} = \begin{bmatrix} 3 & -2 \\ 2 & -2 \end{bmatrix} x$

b) $\quad \dot{x} = \begin{bmatrix} 3 & -2 \\ 4 & -1 \end{bmatrix} x$

c) $\quad \dot{x} = \begin{bmatrix} 2 & -5 \\ 1 & -2 \end{bmatrix} x$

PROBLEMA 12

Determinar el punto crítico y clasificarlo.

a) $\quad \dot{x} = \begin{bmatrix} -1 & -1 \\ 2 & -1 \end{bmatrix} x + \begin{bmatrix} -1 \\ 5 \end{bmatrix}$

b) $\quad \dot{x} = \begin{bmatrix} 0 & -\beta \\ \delta & 0 \end{bmatrix} x + \begin{bmatrix} \alpha \\ -\gamma \end{bmatrix} \qquad \alpha, \beta, \gamma, \delta > 0$

PROBLEMA 13

Sea el sistema

$$\dot{x} = \begin{bmatrix} 0 & 1 \\ -1 & 0 \end{bmatrix} x$$

Clasificar el punto (0, 0).

Considerar ε pequeño verificar el punto crítico de:

$$\dot{x} = \begin{bmatrix} \varepsilon & 1 \\ -1 & \varepsilon \end{bmatrix} y$$

para $\varepsilon > 0$ y para $\varepsilon < 0$

PROBLEMA 14

En la ecuación

$$\ddot{x} + 2\, a\, \dot{x} + x = 0$$

mostrar que:

Si $a^2 \geq 1$ el origen es un nodo. Estable si $a > 0$ e inestable si $a < 0$.

Si $a^2 \geq 1$ el origen es un foco. Estable si $a > 0$ e inestable si $a < 0$

PROBLEMA 15

Sea el sistema caracterizado por la ecuación

$$\ddot{x} + 2\, \xi\, \omega_0\, \dot{x} + \omega_0\, x + \varepsilon\, x^3 = 0$$

Si $\varepsilon < 0$ se tiene:

para $\xi > 1$ en modo estable

para $0 < \xi < 1$ en foco estable

para $\xi = 0$ en centro

Si $\varepsilon < 0$ ocurrirán dos puntos singulares en

$$x = \sqrt{-\frac{\omega_0^2}{\xi}} \;\; ; \;\; \dot{x} = 0$$

y en

$$x = -\sqrt{-\frac{\omega_0^2}{\xi}} \;\; ; \;\; \dot{x} = 0$$

PROBLEMA 16

Examinar y clasificar la singularidad del sistema

$$\ddot{x} + 2\, a\, x + \operatorname{sen} x = 0$$

Otros Títulos de esta Editorial

MATEMATICA
Algebra y Geometría. Molina-Gigena-Joaquin-Gomez- Vignoli.
Análisis Matemático I. Azpilicueta-Gigena-Joaquin-Molina-Cabrera.
Matemática I para Ciencias Naturales. Vera de Payer - Molina - Gigena - Ludueña Almeida.
Algebra Lineal. Elizabeth Vera de Payer.
Introducción a la Matemática. Azpilicueta-Gigena-Molina-Gómez. (En preparación)
Análisis Matemático II. Gigena - Binia - Joaquín - Cabrera - Abud 2° Ed. (En preparación)

FISICA Y QUIMICA
Notas de Química General. P. Carranza - S. Faillaci.
Física I. G. V. Morelli. (En preparación)
Física II. Electromagnetismo. G. V. Morelli.
Física III. G. V. Morelli. (En preparación)
Calor y Termodinámica. G. V. Morelli. (En preparación)
Mecánica. G. V. Morelli. (En preparación)
Termodinamica Técnica. F. Arenas (En preparación)

DISEÑO
Representación Gráfica I. O. Maligno y otros.

INGENIERIA E INFORMATICA
Algoritmos y Estructuras de Datos. Valerio Fritelli.
Aprenda Lenguaje ANSI C. J. García.
Aprenda C++. J. García.
Lenguaje C++. K. Barclay.
Aprenda Java. J. García.
Aprenda Visual Basic. J. García.
Sistemas Operativos. Norberto Cura.
Comunicaciones. J. Galoppo - C. Montaña Mansur.
Redes de Información. C. Sánchez-J. Galoppo. 3° Edición.
Introducción a Sistemas de Control. Víctor H. Sauchelli. 4° Edición.
Sistemas Celulares de Comunicaciones Móviles. J. Galoppo.
Métodos Numéricos. Rosendo Gil Montero.
Res. de Prob. con Matlab. Métodos Numéricos. R. Gil Montero.
Res. Prob. con Matlab. Sistemas de Control. V. Garrone.
Guía de Introducción a Matlab. J. García - J. Rodriguez.
Resolución de Problemas con C++. Rosendo Gil Montero.
Comunicaciones de Datos y Redes de Información. Norberto Cura (2 Tomos).
ADSL - Asymetric Digital Subscriber Line. Norberto Cura.
Economía para Ingenieros. E. Masciarelli. (En preparación).
Problemas Resueltos de Economía. E. Masciarelli.
Gestión de la Calidad. Carlos Boero. 2° Edición.
Organización Industrial. C. Boero.

INGENIERIA INDUSTRIAL
Gestión de Abastecimiento. Carlos Boero.
Costos Industriales. C. Boero.
Evaluación de Proyectos. C. Boero.
Mantenimiento Industrial. C. Boero.
Introducción a la Logística. C. Boero.
Gestión de Mantenimiento. L. Torres.
Mercadotecnia. M. Gómez - G. Gimenez.

Costos Industriales. F. Antón - O. Giovannini.

Recursos Humanos. M. Gomez - G. Gimenez.

Planificación y Control de la Producción. F. Antón - O. Giovannini.

ELECTRONICA Y COMUNICACIONES

Teoría de las Comunicaciones. Pedro Danizio.

Dispositivos Electrónicos. Carlos Chaer.

Fuentes Conmutadas. Juan Carlos Floriani.

Sistemas de Control No Lineales. V. Sauchelli.

Sistemas de Control Digitales. V. Sauchelli.

Teoría de la Información y Codificación. V. Sauchelli.

Teoría de Señales y Sistemas Lineales. V. Sauchelli.

Teoría Moderna de Filtros con Matlab. Walter Monsberger.

Mediciones Electrónicas. Hugo Grazzini.

Teoría de Señales. E. Vera de Payer.

Análisis Conjunto Tiempo-Frecuencia. E. Vera de Payer.

Elementos de Prog. en C++ para Electrónicos. E. Destéfanis.

AERONAUTICA

El Avión. Calidad del equilibrio, control y estabilidad dinámica. José A. Sirena.

Dinámica de los Gases. J. Tamagno (En preparación).

MECANICA - ELECTRICIDAD

Sistemas de Puesta a Tierra. Juan Carlos Arcioni.

Mediciones en Alta Tensión. Alberto Torresi.

Sobretensiones. Alberto Torresi.

INGENIERIA CIVIL

Introducción a la Teoría de la Elasticidad. Godoy-Pratto-Flores.

Estructuras Metálicas. Gabriel Troglia.

Proyectos, Dirección de Obras y Valuaciones. A. Armesto.

Ejercicios de Sistemas Planos de Alma Llena. Juan Weber

Lluvias de Diseño. G. Caamaño Nelli - C. Dasso.

Proyecto y Arq. de las Instalaciones Eléctricas. R. Levy.

Gestión, regulación y Control de Servicios Públicos. FCEFyN-UNC.

Congreso Internacional de Servicios Públicos. FCEFyN-UNC.

BIOINGENIERIA

Seguridad y Normalización en Instalaciones Eléctricas Hospitalarias. R. Taborda.

Diagnóstico por Imágenes. M. Malamud.

La presente edición de
Analisis Matematico aplicado a
Sistemas de Control,
se terminó de imprimir en el mes
de agosto de 2020 en Universitas.

Se imprimieron 1000 ejemplares.

Impreso en Cordoba, Argentina

UNIVERSITAS

186